PATCHWORK BAGS

PATCHWORK BAGS

秋田景子with *24* 款以花草發想的優雅手作

花見幸福！
溫柔暖心の日常拼布包

秋田景子

Flowering plant

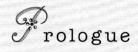

Prologue
前言

小時候，放學回到家，我就會愉快地在祖母的房間觀賞零碼布片。
記憶中，經常縫製和服的祖母，在抽屜裡收藏了許多漂亮的布，
她的裁縫箱中還有以琴撥、厚紙製作的紙型，我經常將這些拿出
來排列擺放、把玩。

我的作品中，有許多關於花的主題。工作室周邊的林木茂盛，所
以隨處可見綻放著生命光輝的小花小草。我將這些觀察納入作品
中，興奮地穿縫著針線，完成一個個的包包。與優雅的布相遇，
得力於伙伴們的幫助，累積了愉快的時光，讓我朝著自己該走的
道路前進。今後，我也將以從容的心情，拿著針線愉快地縫製，
並期待能與許多笑容滿面的人們的相遇。

秋田景子

Contents

基礎款 托特包

1 P6／P50
野玫瑰托特包

2 P7／P49
橄欖飾花迷你包

3 P8／P54
葉片飾花托特包

4 P10／P52
葉片飾花側口袋包

5 P11／P55
櫻花迷你包

6 P11／P56
葉形迷你包

無側身扁平包

7 P12／P57
圓形貼布縫飾花包

8 P13／P58
黑色手提包

9 P14／P59
玫瑰亞麻包

10 P15／P60
雛菊掛飾

11 P15／P60
幸運草掛飾

P9　Column 1 配色與花紋取用的小訣竅

P21　Column 2 引以為傲的口袋設計包款

P32　歡迎來到滿是布與綠意的工作室

P36　Column 3 提把的選擇

P37　準備拼布用的工具

P38　Lesson 1 玫瑰飾花單肩包

P44　Lesson 2 鐵線蓮迷你包

P48　拼布基礎用語・作品製作小提醒

擁有獨特口袋的包款

12 P16／P38

玫瑰飾花單肩包

13 P17／P62

薰衣草飾花單肩包

14 P18／P64

雙口袋提包

15 P19／P66

單色調提包

16 P20／P68

波士頓包

外出攜帶的包款

17 P22／P70

葉片飾花肩背包

18 P23／P61

鑽石形拼布包

19 P24／P72

三色堇飾花後背包

20 P26／P74

向日葵飾花提包

21 P28／P76

玫瑰飾花迷你肩背包

22 P30／P44

鐵線蓮迷你包

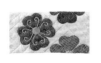

23 P30／P75

花朵圖案扁平迷你包

24 P31／P78

大波斯菊飾花肩背包

基礎款

托特包

袋口寬、容易取出放入隨身用品的托特包，
是很適合平日使用的包款。
有足夠的側身設計，所以收納量不小。

1 野玫瑰托特包

以零碼布片製作瘋狂拼布接縫而成的包
包。口袋上綴飾著可愛的野生玫瑰圖案。寬
幅的提把，可輕鬆提拿，完全無負擔。

作法：P.50

2

橄欖飾花迷你包

尺寸雖小但有足夠的側身，所以能裝入便當，
或適合臨時有事外出時使用。橄欖貼布縫周
邊，以輪廓繡作出立體感。

作法：P.49

3　葉片飾花托特包

利用條紋布隨意配置大型六角形布塊。葉片貼
布的設計具動態感，在沉穩配色中展現輕盈線
條。

作法：P.54

olumn 1

配色與花紋取用的小訣竅

經常聽大家說拼布很難。我的配色訣竅是在布的
素材上搭配不相關的色調。
若是使用印花布,就將所使用的一種顏色接縫在
該印花布旁。舉例來說,若是花的印花布,就拼縫
一塊與葉子的綠色相同色調的綠色布。雖說是綠
色,也有明亮綠、暗沉綠之分,只要色調運用得調
和恰當,配色就不會失敗。

① 配色訣竅

基底布　　　　　　　　貼布縫

「鐵線蓮迷你包」(P.30)是在基底布上使用奶油色
布。這塊奶油布上有粉紅線條花紋。花的貼布縫,是
搭配與此粉紅布同色調的布拼縫成的。

② 花與葉子花紋取用的訣竅

花的貼布縫,先選用基本色與色調可搭在一起的顏
色,若再加上濃淡,就能使花瓣產生立體感。真正的
花,也會受到陽光照射,或是雨後的水滴而有變化。
不要只用素色布,混合一些印花布,就能表現出如
此自然的表情。葉子的貼布縫也一樣,藉由格紋布、
漸層色布,就能打造出立體感與表情。

③ 條紋布的花紋接縫訣竅

條紋布以小塊的排列方式,就能作出具變化又有趣
的圖案。例如「葉片飾花托特包」(P.8),隨意排列
六角形的布塊,就能打造出條紋線條的動感。

4

葉片飾花側口袋包

在駝色系的基底布上有規律地作圓形與葉片的
裝飾貼布縫。兩個側口袋極具深度，使用起來
更具機能性。

作法：P.52

5 櫻花迷你包

給人風吹拂在櫻花上印象的拼布包。袋口滾邊
後加裝拉鍊,所以很簡單。拉鍊的加裝法請參
考P44的Lesson 2。

作法:P.55

6 葉形迷你包

在隨意接縫的基底布上刺繡葉脈的簡單迷你
包。重點是袋口很大,方便取用東西。

作法:P.56

無側身扁平包

既無側身，縫製方法也簡單，所以推薦給第一次製作包包的初學者。
適合臨時有事外出時攜帶，也可作為方便的環保提袋使用。

7

圓形貼布縫飾花包

以縱長流暢的設計，縫製出適合與服裝
搭配的提包。圓形與線條的貼布縫飾
花，展現摩登印象。

作法：P.57

8

黑色手提包

利用各種黑色布，拼縫出規則的八角
形圖案。即使是正式場合攜帶也相襯
的包款。

作法：P.58

9

玫瑰亞麻包

亞麻布上搭配格紋布滾邊的包款。一株
玫瑰花貼布縫,相當顯眼。由於可摺疊
得很小,所以也很適合作為環保提袋。

作法:P.59

大型掛飾，搭配簡單款式的包包，非常棒。雛菊是將布繩縮縫作成花的形狀。幸運草則是利用四片捲針縫的葉片拼縫成四片葉的形狀。不論是掛上一個或兩個，都很可愛。

作法：P.60

10

雛菊

雛菊&
幸運草掛飾

11

幸運草

擁有獨特口袋的包款

讓人不知不覺會放入很多東西的袋身內部。
以下介紹十分方便收納細碎物品且具獨特口袋設計的包款。

12
玫瑰飾花單肩包

有大型玫瑰花貼布縫的浪漫背包。花瓣與基礎
布的粉紅色，配色色調一致，打造出統一感。兩
脇邊則特意加裝口袋。

Lesson：P.38

這款單肩包的重點在於菱形的拼布，而薰衣草的刺繡與有如風吹拂般的流線狀鋪棉布則令人心情舒暢。正面的大型口袋，收納力超級棒。

作法：P.62

13

薰衣草飾花單肩包

14

雙口袋提包

在大型口袋上以輪廓繡刺繡出花朵圖案的簡單包款。袋口上抓少許橫褶，作出弧形。

作法：P.64

15

單色調提包

以簡單的方形接縫拼布，加上刺繡，提升
整體的優雅氛圍。口袋是可放進整隻手機
且方便收納的尺寸。

作法：P.66

16

波士頓包

這是想著能用於小旅行而縫製的波士頓
包。像是要凸顯袋蓋上的精緻拼布般，
本體的拼縫很簡單，袋蓋及兩脇邊都加
裝了口袋。

作法：P.68

製作拼布包最重的就是使用方便。我喜歡有助整理內部、成為裝飾重點的口袋設計，所以我設計的包款都作了很多口袋。在此介紹我引以為傲的口袋設計實用包款。

引以為傲的
口袋設計包款

薰衣草飾花單肩包

配合薰衣草的刺繡曲線，口袋的袋口也呈弧形，給人柔和的印象。大型口袋的收納力也超級棒。

（P17）

（P16）

玫瑰飾花單肩包

以鋪棉布縫製兩脇邊的口袋。從側面看，可愛的口袋是這款單肩包的重點設計。

雙口袋提包

基礎布使用單一色調的圓點花紋布，利用簡單的設計，使加裝的兩個口袋成為裝飾的重點。

（P18）

（P19）

單色調提包

由於想要整體呈現出拼布與刺繡的特色，因此口袋的設計就盡可能簡單。

波士頓包

為免旅行時弄丟重要的車票等，所以袋蓋上也縫製了加裝拉鍊的口袋。即使不打開包包，也能從這裡取出車票等很方便。脇邊的口袋，是很方便取用手機的尺寸。

（P20）

外出攜帶的包款

在外出時，譬如購物、旅行、逛街，
可以空著手、一身輕鬆攜帶的包款。
在此介紹肩背包、後背包、波奇包等各式包款。

17

葉片飾花肩背包

加裝拉鍊的口袋，具機能性的包款。
疊合2片布的葉片貼布縫，展現立體感。

作法：P.70

18

鑽石形拼布包

袋口很大，方便取用物品，具充分側身，對收
納功能有自信的提包。鑽石形拼布與中央刺
繡的小花，給人柔和印象。

作法：P.61

19

三色菫飾花後背包

將開在原野、可愛的三色菫作為裝飾重點的後背包。加上褶子使包面呈現出圓弧狀。後側的口袋、脇邊加裝拉鍊等，都是注重使用方便與否的小細節。

作法：P.72

後背包後側，可放入常使用的手帕等，很方便。

打開包蓋的模樣。可從本體脇邊的拉鍊，取出包內的物品。

20 向日葵飾花提包

想要在夏天攜帶的清爽包款。花瓣使用漸層色線,以絨毛繡製造出立體感。只要加裝肩背帶,就可當作肩背包使用。

作法:P.74

使用段染的漸層線，以絨毛繡縫出花瓣。能令人感受到生動活潑的向日葵模樣。葉片貼布縫周邊，以輪廓繡作出立體感。

絨毛繡的重點

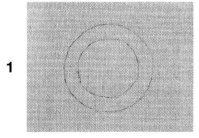

1 為使花瓣的大小一致，事先畫好外側的線條。

2 以線為準進行刺繡，就能將花瓣縫得很漂亮。

絨毛繡

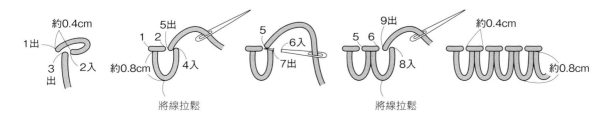

21

玫瑰飾花迷你肩背包

具小巧尺寸感與可愛玫瑰貼布縫的迷你
肩背包。只是在圓形貼布縫上添加刺繡
就簡單完成了玫瑰飾花。

作法：P.76

只要拆掉肩背帶，就能當作
迷你包使用。

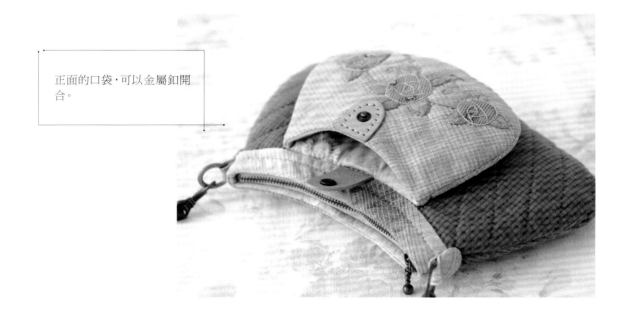

正面的口袋，可以金屬釦開
合。

22 鐵線蓮迷你包

以柔和配色縫製每天都會使用的迷你包。
學習重點是拉鍊的加裝方法。

Lesson：P.44

23

花朵圖案扁平迷你包

有著大膽的花朵貼布縫設計、令人印象
深刻的迷你包。本體上只有以捲針縫縫
製的口袋，所以製作方式很簡單。

作法：P.75

扁平迷你包是剛好可放入收據
或護照的尺寸。只要有這一只
迷你包就很方便。

24

大波斯菊飾花肩背包

正面有具收納力、方便使用的大型口袋設計。大波斯菊的莖與葉子進行刺繡，縫製出可愛的模樣。

作法：P.78

Welcome

歡迎來到滿是
布與綠意的工作室

位於青森縣五所川原市的教室兼拼布商店——
「BUPI俱樂部（Bupi tube）」是我個人的工作室。
我在豐富的自然環繞的生活中，孕育出包包製作的點子。

「BUPI俱樂部」的外觀

店內入口處總裝飾著一些可愛主題的飾物

招牌店狗小PU。很有
精神地接待客人。

我之所以喜歡製作包包，是因為每天都能用到且讓人看到。輕鬆縫製後當作禮物，也能讓收到的人高興。到目前為止，我縫製了數不清的包包。只要一看到布料，腦袋裡立刻就能浮現出，要活用那塊布作成什麼風格的想像。最先會想的一定是實用且方便使用的點子，譬如：在實用處加裝口袋、考慮用途以拉鍊好好收合包口；或是作成無拉鍊、方便使用的包包。以P.24「三色堇飾花後背包」為例，花點工夫在本體脇邊加裝拉鍊，就能方便從中取用物品。

我的包包，在縫法上具有特色。側身、脇邊等的拼布都是分別縫好，再將這些拼布以捲針縫縫出形狀。而且，裡布都是以コ字型縫合。若是這種縫法，就能挑戰稍微複雜的包款，由於表布與裡布都縫兩次，包包就很堅固耐用。

自從在商店開通拼布材料包的郵購之後，購買過的顧客都紛紛回覆說：「能夠作得很棒呢！」在第一本著作《秋田景子の優雅拼布BAG》中特別：收錄了一些常用語。而這次的《花見幸福！溫柔暖心の日常拼布包》也希望能讓你滿意地開心學習。

裝飾著包包與拼布成品的整面牆。依不同季節會更
換店內的模樣。

第一本個人著作《秋田景子の優雅
地開心學習拼布BAG》

「BUPI俱樂部」
http://www.bupi-k.com/
「手づくりタウン」のショッピングストア
http://www.tezukuritown.com/

工作室設在3樓的閣樓裡。只要打開窗戶，就會吹進令人心情舒暢的微風，春天和秋天在這裡作針線活的時間就變長。

將零碼布存放在原本是裝蘋果的籃子裡。我常一邊挑著零碼布一邊思考新作品。

個人愛用的裁縫箱。我會使用長針，縫製拼布各種的間距。剪刀則分成剪紙、剪線、剪零碼布、剪布用四種。

將布排列收納在容易看見花色的棚架上。

桌上的空間。除了工作室外，家中的廚房、起居間等處也設置裁縫箱。我會充分運用空閒時間，譬如一邊作料理一邊縫製。

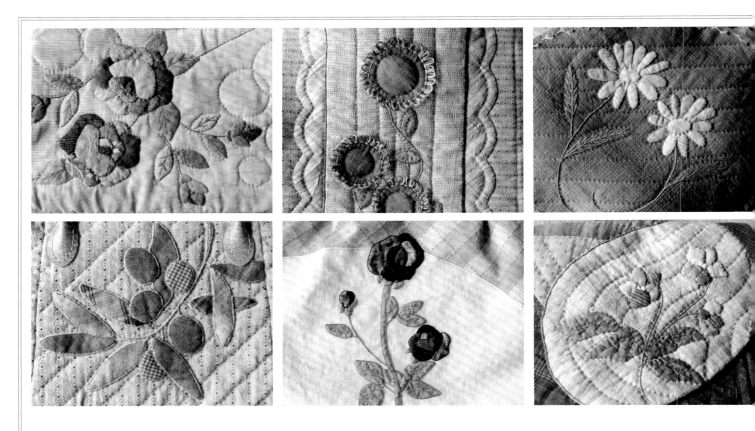

包款充分以花為主題。而為了能搭配任何服裝，在配色上也花了心思。花是以貼布縫表現，但加上各種針法的刺繡，便能呈現出植物細膩的表情與立體感。

大自然是
靈感的來源

　　開始作拼布時，曾羨慕居住在都會的人們，覺得周邊會給他們帶來很多的刺激，好像能接觸到很棒的東西。但現在很不可思議地，我現在完全不這麼想了。那是因為待在自然豐富的青森，發現到它真正的魅力。例如，看到花，就會發現它一旁即使開著其他顏色的花也出乎意料地相搭，或是春天完全沒發芽的植物，以為它不行時，到了夏天卻讓我看到開滿花的樣子。每每意外地看到或感受到自然的遷移變化，內心就非常滿足。我總在季節更迭時，有新的發現，於是就激發出「以所見的花為主題製作拼布」的設計。大自然，就這樣成為我的靈感來源！

庭院的入口。每天都很興奮地觀察不同花草的表情。

工作室的後庭院，是我自己搬土，親手從頭打造
出來的。圖為8月末時各種植物的樣貌，正是早
秋時花開始開放的時候。

青森的日夜溫差很大，所以花的顏色也很不
可思議地濃郁。或許人們說我的作品「花的
顏色很濃呢！」就是源自於此呢！

Flowering plant

葉子的形狀也形形色色。葉子的葉脈等造型
很有趣，也成為創作的參考。

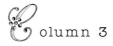

olumn 3

提把的選擇

提把要在包包本體完成後作選擇。
因為不與本體搭配看看，就無法知道提把是否適合。
這有點近似穿衣服搭配鞋子的感覺，
只要改變提把，包包給人的印象也完全不一樣。
如果你不知如何選擇提把，請一定要參考以下內容。

要配合包包的用途，決定提把的形狀、寬度、長度。例如，能裝很多東西的大型包，若搭配細長的提把，對肩膀就會造成負擔，因此要選擇寬幅的提把。本體是簡單的包款，就享受搭配帶點個性的提把的樂趣，譬如具壓紋、扭擰花紋的提把等。提把的顏色，選擇茶色系會給人柔和印象，選擇黑色則讓人覺得包包很扎實。至於提把的加裝位置，不妨將提把搭在本體上幾次，考慮加裝在哪個位置，包包會更顯眼。試著擺放看看，就能找到使包包更吸睛的位置。

大型包款上搭配寬幅的提把。

本體是簡單的包款，可搭配具個性的提把。

包口狹窄的包包，若加裝粗的提把，會給人笨重的印象，選擇細長的提把是重點。

選擇寬度粗的肩帶，背在肩上時可減少負擔且穩定，較不易滑動。

選擇寬度細的肩帶，會給人纖細的印象。由於想將這包包縫製成柔和的氛圍，所以搭配茶色。

想凸顯出本體的貼布縫時，將提把加裝在稍微靠邊的位置，就會很顯眼。

依包包的設計，若想要搭配寬度5cm以上的提把時，就以布縫製。例如，右邊的包包，由於隨意拼縫的拼布很大塊，所以適合寬幅的提把。以布縫製的提把很柔軟，掛在肩上或手腕上時的親膚性很棒。

準備拼布用的工具

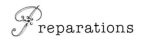

必要工具

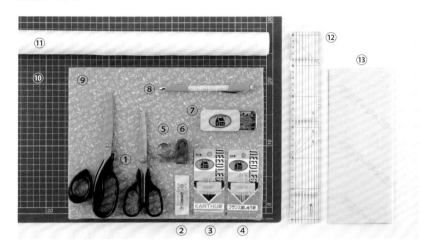

①剪刀
依不同用途，分成剪布用、拼布用、剪線用、剪紙用的剪刀，就可延長剪刀的使用壽命。

②長針
拼布時使用的針。一針就可縫很長的距離。

③壓縫針
壓縫時使用的針。短且輕盈的針。

④刺繡針
刺繡時使用的針。

⑤附鐵盤頂針
套在慣用手的中指上，鐵盤部分則嵌在手掌側使用。以鐵盤頂住長針頭來縫。

⑥皮革頂針
壓縫時套在手指上，保護手指。套在慣用一手的中指上，一邊頂住針頭一邊縫。

⑦珠針
用於固定布的針。

⑧記號筆
在布上作記號的筆。

⑨拼布墊
要整燙布或在布的粗糙面作記號，若有一塊拼布專用墊子，會很方便。

⑩切割墊
畫圖案時，鋪在下面使用。

⑪冷凍紙
能以熨斗暫時黏合的型紙，用在貼布縫時。

⑫尺
測量長度、作記號、畫壓縫線時使用。

⑬粉土紙
畫圖案時使用。

便利工具

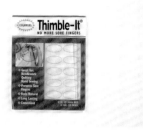

Thimble-It
壓縫時使用的Thimble-It。即使手指被針刺到也不會刺透、很堅固的薄膜狀頂針。由於可重覆使用，所以很方便。

1

將薄膜頂針貼在承受針的食指上。若沿著指甲邊黏貼，還能保護指甲。

2

以貼薄膜頂針的手指，一邊承受壓縫針一邊縫。

使用的線

①拼布壓縫線
表面光滑，使用於製作拼布進行壓縫的線。

②貼布縫線·拼接用線
若配合布的顏色選擇線的顏色，就能漂亮地完成貼布縫。

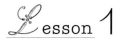

玫瑰飾花單肩包

包包的重點在於漂亮縫出葉片貼布縫的邊角，
以及包包的縫製完成。

P.16	原寸紙型B面

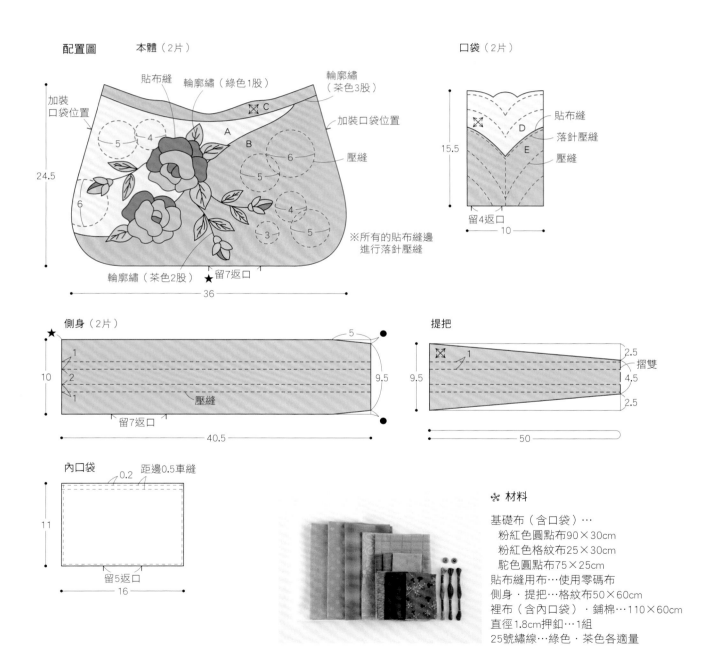

配置圖　　本體（2片）

加裝
口袋位置

貼布縫　輪廓繡（綠色1股）

輪廓繡
（茶色3股）

加裝口袋位置

壓縫

5　4

A

C

B

6

5

5

6

4

3　5

24.5

※所有的貼布縫邊
　進行落針壓縫

輪廓繡（茶色2股）　★留7返口

36

口袋（2片）

貼布縫

落針壓縫

壓縫

D

E

15.5

留4返口

10

側身（2片）

★

1

2

1

10

壓縫

5

9.5

留7返口

40.5

提把

1

9.5

摺雙

2.5

4.5

2.5

50

內口袋

0.2　距邊0.5車縫

11

留5返口

16

❊ 材料

基礎布（含口袋）…
　粉紅色圓點布90×30cm
　粉紅色格紋布25×30cm
　駝色圓點布75×25cm
貼布縫用布…使用零碼布
側身・提把…格紋布50×60cm
裡布（含內口袋）・鋪棉…110×60cm
直徑1.8cm押釦…1組
25號繡線…綠色・茶色各適量

38

① 縫製側身與提把

1
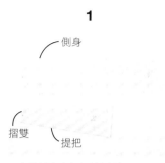

側身

摺雙　提把

準備側身與提把的紙型。

2

紙型貼放在布的背面上，沿著紙型畫線。

3
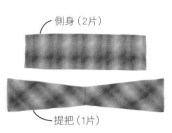

側身（2片）

提把（1片）

留縫份0.7cm，剪裁出側身2片及提把1片。

4
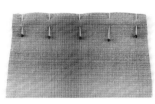

側身與提把正面相對疊合，以珠針固定。珠針先固定布的兩邊端、然後是中心，再在布的邊端與中心的中間各加1根珠針固定。

5

始縫處是從外側比記號處多一針處入針，進行一針的回針縫。

6
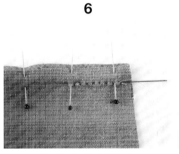

一直縫到第2根的珠針為止。

7

進行一針的回針縫，再繼續縫下去。

重點
以珠針為準進行回針縫，就能縫得很牢固，而不用擔心珠針拔除後布會綻開。

8
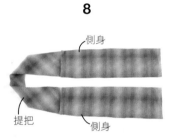

側身

提把　側身

止縫處也進行一針的回針縫。提把的另一邊也縫上側身。這樣側身與提把就縫好了！將縫份倒向提把側。

9
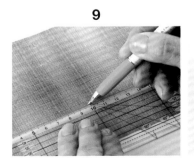

參考配置圖，在布的正面畫上壓縫線。

10
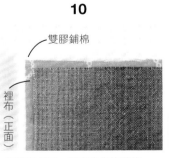

雙膠鋪棉

裡布（正面）

與表布相同，裡布也作接縫的準備。依雙膠鋪棉、裡布（正面）、表布（背面）的順序疊合。

11

注意不要將表布與裡布的縫線錯開。

12
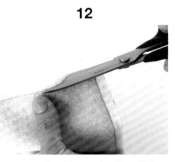

留返口後，縫合周邊。雙膠鋪棉沿著縫線邊裁剪。

13

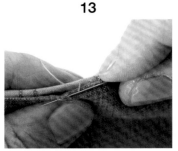

從返口翻回正面。以コ字型縫合返口。

14

熨斗加熱到乾式整燙的高溫。熨斗底板分別放在表布側與裡布側上，燙貼雙膠鋪棉。

熨斗燙貼的重點

熨斗要從中央向外側滑動。若太用力，布容易滑動，若熨斗移動得太快，熱就不容易傳導，會使接著劑容易剝落。要以熨斗的重量按壓，慢慢地整燙，才能燙得漂亮。

15

沿著壓縫線，在始縫處與止縫處進行一針的回針縫。

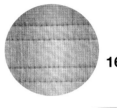

16

壓縫完成的樣子。

17

底部

側身（背面）

將2片側身的底部正面相對疊合，以珠針固定。

18

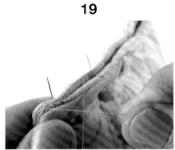

以捲針縫縫合底部的表布。從邊端縫起會不太好使力，所以始縫處要將底部反過來拿從眼前約0.7cm處縫起。

19

一直縫到邊端，將線拉緊。

20

將底部拿正，以捲針縫縫合表布。縫線若縫得太密會看得到線，所以以一針間距約0.2cm為準。止縫處也折返0.7cm進行捲針縫。

21

以捲針縫縫合底部表布的模樣。

22

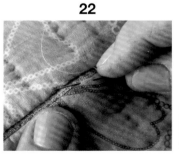

以コ字型縫合底部的裡布。

23

底部縫合完成。以コ字型縫合方式，就能將表布的縫線完美隱藏，縫得漂亮。

1

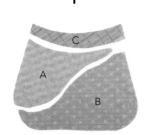

留縫份0.7cm，準備好布A・B・C。

2

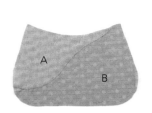

摺疊A的縫份，配合完成線疊放 B布上以捲針縫縫合。

3

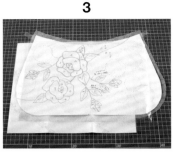

在切割墊上疊合表布（正面）、粉土紙、圖案、透明玻璃紙。為避免描繪圖案時會弄破圖案，所以要鋪一層玻璃紙。

4

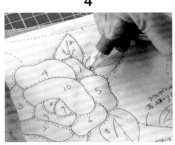

以紅色原子筆描繪圖案。以紅色描圖，能清楚判別圖案要描到哪裡。

5

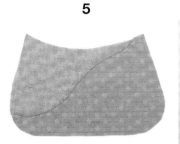

圖案描繪完成。

6

在冷凍紙的非光滑面描繪貼布縫圖案。

7

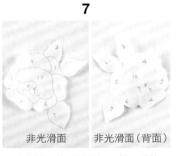

非光滑面　　　非光滑面（背面）

沿著圖案的外框裁切，並在部件上寫上編號。

寫編號時的重點

在非光滑面上，以黑色寫上號碼，非光滑面的背面則用紅色寫上號碼。藉由不同的顏色，在以熨斗燙黏合時，就容易分辨那一面是非光滑面。寫好號碼時就將各部件裁切開來。

8

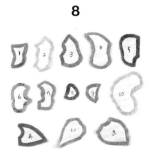

將各部件的非光滑面疊放在貼布縫用布的背面上，以熨斗燙貼。留縫份0.3cm，準備好貼布縫的各部件。

9

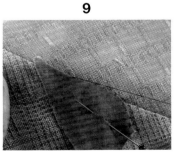

依放在最下面的部件號碼順序進行貼布縫。一邊以針尖將縫份往內摺入，一邊以捲針縫縫合。

10

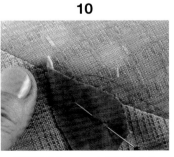

縫到葉尖約0.7cm處停下縫合的針，摺疊邊角的縫份。

11

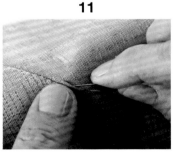

以針尖將凸出的縫份往內摺入後，以捲針縫縫合。

12	**13**	**14**	**15**
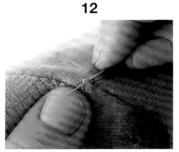			
為免在葉尖刺入針會看得到線而縫得不漂亮，要跳過葉尖進行捲針縫。	貼布縫完成時，將針頭插入冷凍紙的非光滑面及布之間，以針將非光滑面勾離。	從空隙間取出冷凍紙。不從空隙取出時，就以剪刀在布的背面剪個開口取出（參考P.45的步驟8）。	以捲針縫縫合其他部件，進行花與葉子的貼布縫。以輪廓繡繡出葉脈與莖。

16	**17**	**18**	**19**
	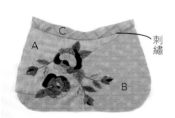		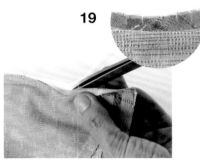
摺疊C的縫份，將完成線疊合在A・B上進行捲針縫。	以輪廓繡將C與A・B的邊緣縫合，表布即完成。參考配置圖描繪壓縫線。	依雙膠鋪棉、裡布（正面）、表布（背面）的順序疊合，留返口後縫合周邊。	沿縫線邊緣剪裁雙膠鋪棉。在縫份上剪牙口，以方便彎曲處翻面。

圖17中標示：C、A、B、刺繡

20	**21**	**22**	**23**
			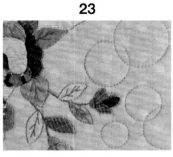
從返口翻回正面，以ㄇ字型縫合返口。	熨斗加溫到乾式整燙的高溫，分別從正面和背面整燙，燙貼雙膠鋪棉。	沿著壓縫線進行壓縫。圓形的壓縫，若每2針穿縫會比較容易縫合。	進行壓縫後，本體便完成。以同樣方式縫製另一片本體。

③ 縫製口袋

1

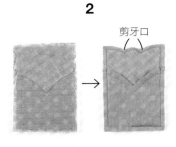

留縫份0.7cm，準備好口袋用布。縫合製作表布。描繪壓縫線。

2

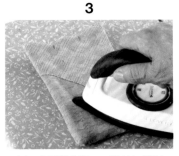

剪牙口

依雙膠鋪棉、裡布（正面）、表布（背面）的順序疊合，留返口後縫合周邊。在彎曲凹陷處剪牙口，從返口翻回正面。

3

以ㄈ字型縫合返口。熨斗加溫到乾式整燙的高溫，分別從正面及背面整燙，燙貼雙膠鋪棉。

4

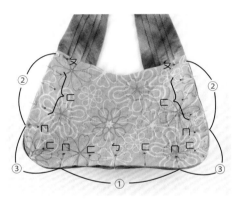

沿著壓縫線進行壓縫，口袋便完成。再以同樣方式縫製另一片口袋。

④ 縫製完成

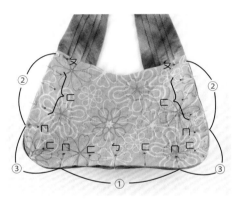

②
②
ㄈ
ㄈ
ㄈ
ㄈ
ㄇ
ㄅ
ㄈ
ㄈ
ㄈ
ㄅ
③
③
①

1

將本體與側身正面相對疊合，以珠針固定。

珠針固定的重點

先將本體的中央與側身的接縫處疊合，以珠針固定（ㄅ）。再以珠針固定本體與提把的位置疊合處（ㄆ）。然後以珠針固定近眼前的彎曲處（ㄇ），其中間適當的位置也以珠針固定（ㄈ），就能固定得漂亮，而不會有錯移的情況。

2

參考P.40的步驟18至23，以捲針縫縫合表布，以ㄈ字型縫合裡布。

縫合時的重點

捲針縫時，為免縫得錯位，要先縫合的底部。接著縫合直到近眼前彎曲處，最後再縫合彎曲處。

3

本體與側身縫好的樣子。

4

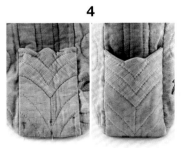

疊合口袋與本體的記號處，決定好底部。以珠針固定，將口袋的表布拉蓬鬆，以藏針縫固定在側身上。要縫時，先縫合底部後再縫合兩側，就能減少錯移的發生。

5

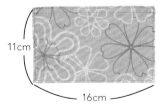

11cm
16cm

將2片內口袋正面相對疊合，留返口後縫合周邊。翻回正面，在周邊與袋口上進行車縫。

6

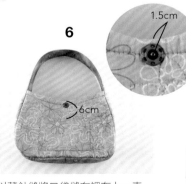

1.5cm
6cm

以藏針縫將口袋縫在裡布上，車縫固定壓釦。

完成圖

$\mathcal{L}$esson 2

鐵線蓮迷你包

將袋口滾邊後加裝拉鍊，所以是附拉鍊的簡單迷你包。
縫製完成法與Lesson 1相同。

P.30	原寸紙型D面

配置圖　　　本體（2片）

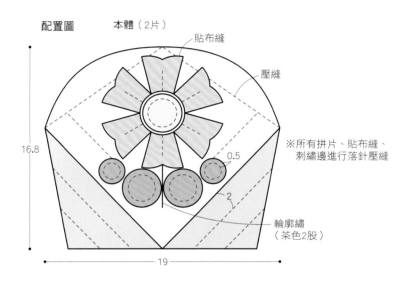

貼布縫

壓縫

※所有拼片、貼布縫、
刺繡邊進行落針壓縫

16.8

0.5

2

輪廓繡
（茶色2股）

19

❀ 材料
拼接・貼布縫用布…使用零碼布
裡布・雙膠鋪棉…各40×25cm
滾邊（斜紋布條）…4×60cm
25cm長拉鍊…1條
25號繡線…茶色適量

① 縫製表布

1

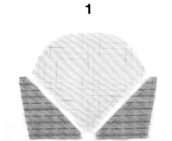

利用紙型，準備好表布的布塊。

2

始縫處與終止處進行一針的回針
縫，縫合布塊。縫份倒向下方的
布側。

3

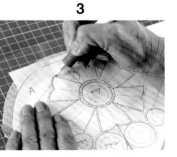

在切割墊上疊合表布（正面）、
粉土紙、圖案、透明玻璃紙，描
繪圖案。
★描繪法參考P.43的步驟3&4

4

圖案描繪完成。

5

以熨斗將冷凍紙的紙型燙貼在貼布縫用布的裡側。留縫份0.3cm，準備好貼布縫的各部件。

6

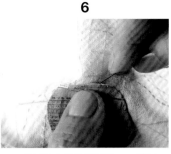

一邊以針尖將縫份摺入，一邊以藏針縫縫合。

貼布縫的重點

若黏貼冷凍紙，形狀會充分顯現，珠針只要在中心固定1針即可。若固定太多珠針，會很難摺入縫份，就容易產生角狀凸起。

7

中心的貼布縫完成。

8

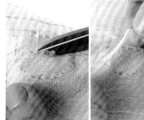

從布的裡側以剪刀剪個開口，取出冷凍紙。

9

進行其他部件的貼布縫，以輪廓繡刺繡出莖。

10

表布完成。以相同方式縫製另一片表布。

11

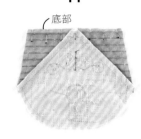

└ 底部

將表布2片正面相對疊合，底部固定珠針。先固定中央的珠針，再在兩邊、邊與中心的中間分別固定2根珠針。

固定珠針的重點

中央會因縫份的重疊而產生厚度，所以要將珠針固定在比縫線往上0.1cm處。縫合時，若縫在比珠針更高0.1cm，翻回正面時，就不會出現三角形的邊角而能縫得漂亮。

12

在始縫處與終止處進行回針縫，縫合底部。若在縫份重疊的中央約1cm處進行半回針縫，就會縫得很牢固。

13

底部縫合完成。

14

攤開正面，參考配置圖描繪壓縫線。

② 進行壓縫

1

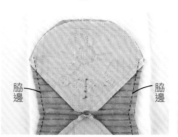

雙膠鋪棉
裡布（正面）
表布（背面）

準備裡布。依雙膠鋪棉、裡布（正面）、表布（背面）的順序疊合。

2

脇邊　　脇邊

在始縫處與止縫處進行回針縫，縫合兩脇邊。

3

剪掉雙膠鋪棉多餘的部分。兩脇邊沿著縫線的邊緣裁剪。

4

從袋口翻回正面。以加熱到乾式高溫的熨斗燙貼雙膠鋪棉黏合。★熨斗的燙貼法參考P.40的步驟14。

③ 進行滾邊

5

所有拼片及貼布縫、刺繡邊作落針壓縫。沿著壓縫線進行壓縫。

1

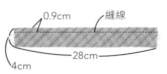

0.9cm　縫線
28cm
4cm

準備2片寬4cm、長28cm的斜紋布條。留縫份0.9cm，只在單側畫縫線。

2

1cm　　　　1cm

將斜紋布條疊合在袋口上，以珠針固定。斜紋布條的兩邊端，要比袋口向外凸出1cm。

3

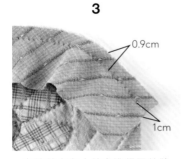

0.9cm

1cm

在始縫處與止縫處進行回針縫後，縫合斜紋布條。

4

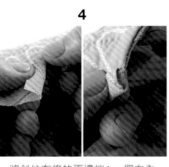

將斜紋布條的兩邊端1cm摺向內側，摺成3摺邊。

5

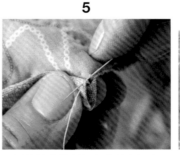

以藏針縫將斜紋布條縫在裡布上。

6

斜紋布條完成。

④ 加裝拉鍊

1

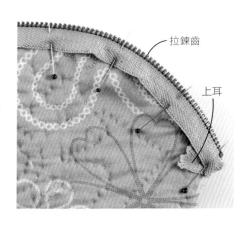

摺疊拉鍊的上耳,將鍊齒與袋口疊合,以珠針固定。珠針要與拉鍊呈垂直狀固定。

拉鍊齒

上耳

2

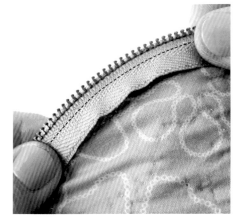

沿著記號縫上拉鍊的布帶。縫合時,注意表布上不要露出縫線。

3

將摺入的上耳塞入拉鍊的內側,以千鳥縫縫合拉鍊邊端。

4

另一側的拉鍊也縫合,拉鍊便加裝完成。

⑤ 縫製完成

1

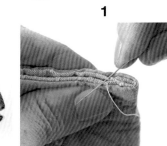

本體正面相對疊合,以捲針縫縫合脇邊的表布。★捲針縫縫法參考P.40的步驟18至21。

2

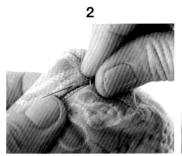

挑起脇邊的裡布,以ㄈ字型縫合。

3

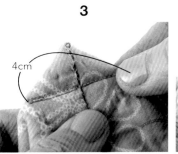

4cm

縫合4cm的脇邊。

4

將脇邊摺返,以藏針縫縫合。

完成圖

拼布基礎用語

- **合印記號** 2片以上的布、紙型疊合時，為免錯移所作的記號。縫合具曲線的圖案等時就有必要作此記號。
- **貼布縫** 將裁剪下來的布放在基礎布上，以藏針縫縫合的手法。

貼布縫

- **檔布** 作壓縫時，墊在疊合表布的棉襯下的布。作用和裡布相同，但壓縫後加裝中袋、裡布縫成的包包等，從外表看不見這塊布，所以如此稱呼它。
- **裡布** 用於拼布內側的布。
- **落針壓縫** 沿著貼布縫、拼片縫線邊的壓縫線。
- **表布** 以拼布、貼布縫所縫製的、成為作品表面的布。
- **回針縫** 一針往前一針繞回來的縫法。
- **風車** 將拼布縫到止縫處後，重疊的縫份往一個方向倒的縫法。用於以平針縫接縫的六角形布等。

回針縫

- **壓縫** 將表布、鋪棉、裡布三層疊合後先疏縫，再一起作壓線。
- **鋪棉** 放入表布與裡布之間的襯布。
- **口布** 用於袋子、口袋等開口部分的布。

ㄈ字形縫法

- **ㄈ字形縫法** 將布端銜接在一起的交互縫合法。
- **疏縫** 正式縫合前，先暫時大概縫合的方式。
- **雙膠鋪棉** 可直接以熨斗燙貼在布上的鋪棉，分為單膠鋪棉、雙膠鋪棉。
- **直接裁剪** 不留縫份地顯示裁布的尺寸。
- **縫褶** 將布的一部分抓起來縫合，使平面布產生立體感的技法。
- **橫褶** 抓起布的一部分，以便製造出形狀。
- **吊耳** 加裝在迷你包、包包……當抓繩或吊掛背帶用。
- **始縫結·止縫結** 始縫處、止縫處的打結，也就是線頭打結、固定線的方法。
- **正面相對** 2片布縫合時，正面都朝內側疊合的方式
- **縫份** 縫合布時必要的布幅。
- **滾邊** 處理布邊的方法，即以斜紋布條、橫紋布將周圍裹捲起來收尾的方法。
- **圖案** 構成表布的圖案。
- **半回針縫** 一針往前進，再繞回來縫0.5針的縫法。表側的縫線與平針縫一樣，想使縫線更牢固時，縫得扎實時使用。
- **布塊** 指裁剪好的布的最小單位，如1枚、1片、1塊等。
- **拼接** 將布一塊塊縫合。
- **捲針縫** 布邊呈螺旋狀裹捲縫合的方法。

捲針縫

- **側身** 為使包包具厚度所縫製的部分。
- **貼邊** 用於布端的處理&補強時的布。

作品製作小提醒

- ●圖中的尺寸單位一律為cm。
- ●作法、紙型上不含縫份。未指定直接剪裁（＝不留縫份）時，拼接要在周邊留0.7cm，貼布要留0.3至0.5cm，除此之外都要留1cm的縫份裁布。
- ●作品的完成尺寸就是製圖上的尺寸。依縫法、壓縫，尺寸會有不同。
- ●壓縫後若比完成尺寸還多時，就要作些縮減。完成壓縫時，要再次確認尺寸，再進行下一個作業。

- ●量材料的布，使用一般標準的尺。要運用、剪裁花紋布或手邊現有的布時，有時會用不同的量尺，請事先作好準備。
- ●本書中會使用雙膠鋪棉。以熨斗與表布、裡布燙貼後進行壓縫，不必疏縫就能完成得很漂亮。使用鋪棉就要疏縫後再作壓縫。（熨斗燙貼法參考P.40）
- ●貼布縫要從疊放在最下面的部件開始進行藏針縫。若能一開始就註明號碼，會比較容易分辨。（貼布縫的縫法參考P.41）

2 橄欖飾花迷你包　→ P.7　原寸紙型A面

❀ 材料

基底布（含底部・側身）・裡布（含襠布）…綠色先染布110×50cm、貼布縫用布…使用零碼布、雙膠鋪棉110×25cm、提把1組、25號繡線適量

❀ 材料

1　在基底布上進行貼布縫、刺繡後，縫製前片表布與後片表布。
2　將步驟1、底表布、側身表布分別與裡布、雙膠鋪棉疊合後縫合周邊。
3　翻回正面進行壓縫。
4　底部置放於中央，前・後片與側身正面相對疊合縫合，作成箱形。
5　加裝提把。

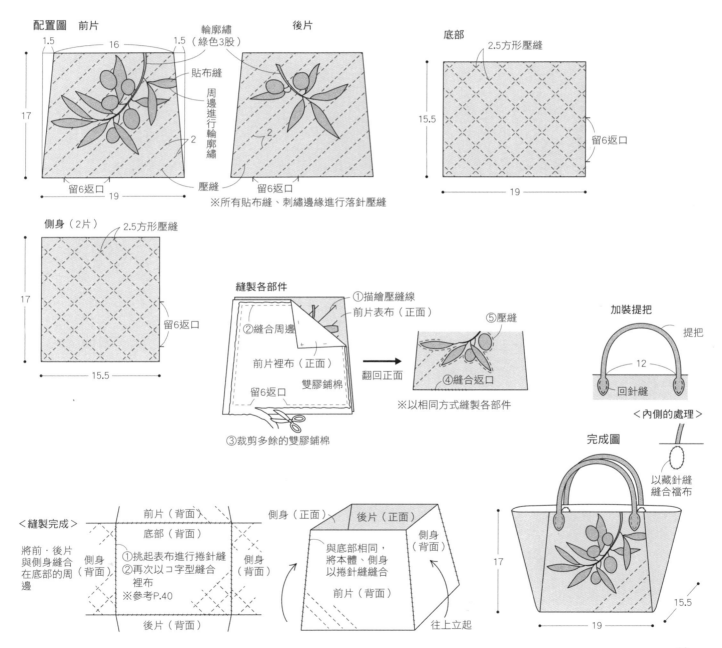

配置圖　前片

1.5　16　1.5
輪廓繡（綠色3股）
貼布縫
周邊進行輪廓繡
17
2
留6返口　19
壓縫

後片
2
留6返口
※所有貼布縫、刺繡邊緣進行落針壓縫

底部
2.5方形壓縫
15.5
留6返口
19

側身（2片）
2.5方形壓縫
17
留6返口
15.5

縫製各部件
①描繪壓縫線
前片表布（正面）
②縫合周邊
前片裡布（正面）
雙膠鋪棉
留6返口
③裁剪多餘的雙膠鋪棉

翻回正面

⑤壓縫
④縫合返口
※以相同方式縫製各部件

加裝提把
提把
12
回針縫

＜內側的處理＞
以藏針縫縫合襠布

完成圖
17
15.5
19

＜縫製完成＞

將前・後片與側身縫合在底部的周邊

前片（背面）
底部（背面）
側身（背面）
①挑起表布進行捲針縫
②再次以ㄇ字型縫合裡布
※參考P.40
側身（背面）
後片（背面）

側身（正面）
後片（正面）
與底部相同，將本體、側身以捲針縫縫合
前片（背面）
往上立起

1 野玫瑰托特包　→ P.6 原寸紙型A面

❋ 材料

拼接・貼布縫用布…使用零碼布、底部・側身…格紋布90×15cm、提把…格紋布40×25cm、裡布（含襯布）・雙膠鋪棉各110×50cm、25號繡線各色適量

❋ 材料

1 進行拼接、貼布縫、刺繡後，縫製本體表布2片與口袋表布。
2 在步驟1、底・側身表布、提把上分別疊合裡布與雙膠鋪棉後縫合周邊。
3 翻回正面進行壓縫。
4 本體與底部・側身正面相對縫合。
5 縫製提把，加裝在本體上。
6 本體前片加裝口袋。

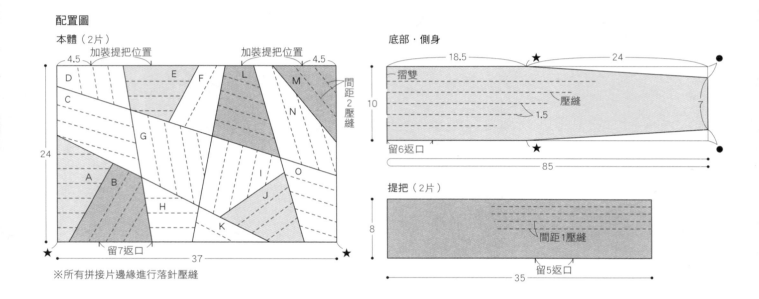

配置圖

本體（2片）

底部・側身

提把（2片）

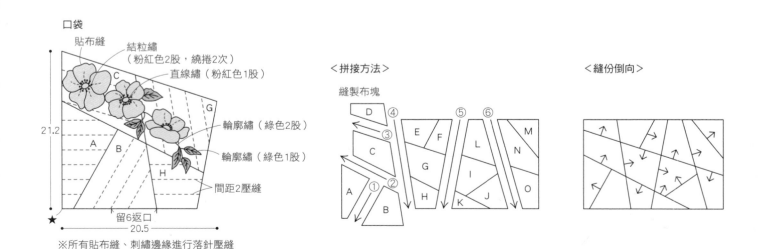

口袋

＜拼接方法＞

＜縫份倒向＞

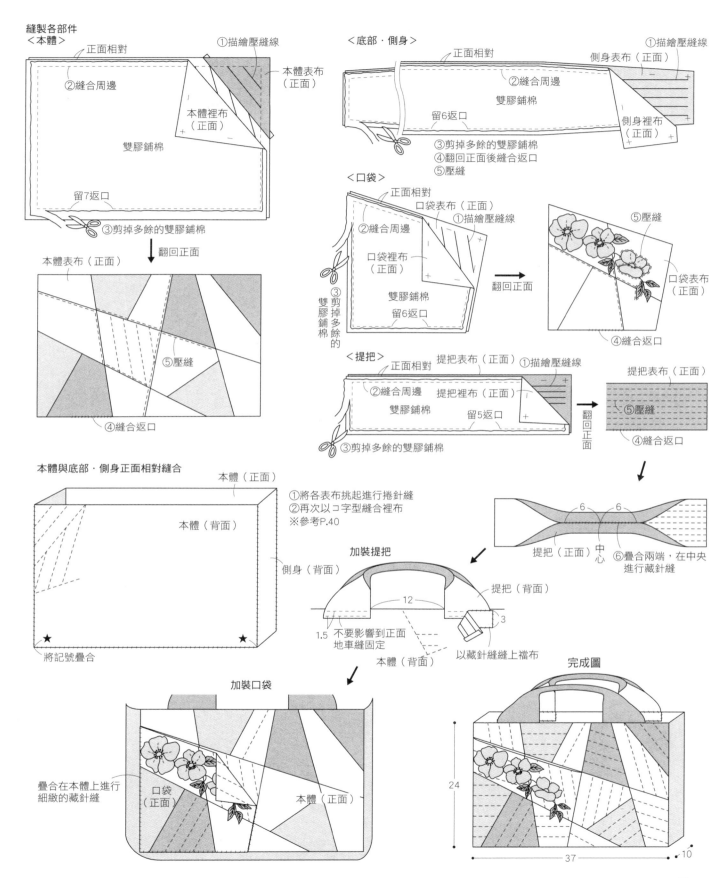

縫製各部件
＜本體＞

正面相對
①描繪壓縫線
②縫合周邊
本體表布（正面）
本體裡布（正面）
雙膠鋪棉
留7返口
③剪掉多餘的雙膠鋪棉
翻回正面

本體表布（正面）
⑤壓縫
④縫合返口

＜底部・側身＞
正面相對
①描繪壓縫線
側身表布（正面）
②縫合周邊
雙膠鋪棉
留6返口
側身裡布（正面）
③剪掉多餘的雙膠鋪棉
④翻回正面後縫合返口
⑤壓縫

＜口袋＞
正面相對
口袋表布（正面）
①描繪壓縫線
②縫合周邊
口袋裡布（正面）
③剪掉多餘的雙膠鋪棉
雙膠鋪棉
留6返口
翻回正面
⑤壓縫
口袋表布（正面）
④縫合返口

＜提把＞
正面相對
提把表布（正面）
①描繪壓縫線
②縫合周邊
提把裡布（正面）
雙膠鋪棉
留5返口
③剪掉多餘的雙膠鋪棉
翻回正面
提把表布（正面）
⑤壓縫
④縫合返口

本體與底部・側身正面相對縫合
本體（正面）
本體（背面）
側身（背面）
將記號疊合

①將各表布挑起進行捲針縫
②再次以コ字型縫合裡布
※參考P.40

6　6
提把（正面）中心
⑥疊合兩端，在中央進行藏針縫

加裝提把
提把（背面）
12
1.5　不要影響到正面地車縫固定
3
以藏針縫縫上襠布
本體（背面）

加裝口袋
疊合在本體上進行細緻的藏針縫
口袋（正面）
本體（正面）

完成圖
24
37　10

51

4 葉片飾花側口袋包　→ P. 10 原寸紙型A面

❀ 材料

拼接・貼布縫用布…使用零碼布、口袋…25×35cm、
側身…格紋布100×15cm、裡布（含襠布）‧雙膠鋪棉
各110×50cm、滾邊（斜紋布條）4×120cm、提把1組、
25號繡線適量

❀ 材料

1　進行拼接、貼布縫、刺繡後，縫製本體表布與口袋
　　表布。
2　在步驟1、側身表布上分別疊合裡布與雙膠鋪棉
　　後參考圖示縫合。
3　翻回正面進行壓縫。
4　本體與側身正面相對縫合。
5　袋口進行滾邊。
6　口袋上方滾邊，以藏針縫縫在側身上。
7　加裝提把。

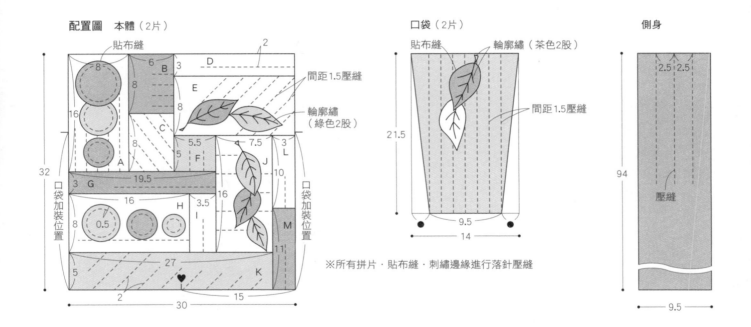

配置圖　本體（2片）

貼布縫
間距1.5壓縫
輪廓繡（綠色2股）
口袋加裝位置

口袋（2片）

貼布縫　輪廓繡（茶色2股）
間距1.5壓縫

※所有拼片‧貼布縫‧刺繡邊緣進行落針壓縫

側身

壓縫

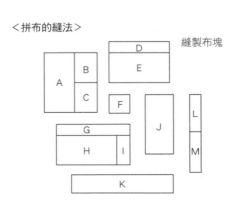

＜拼布的縫法＞

縫製布塊

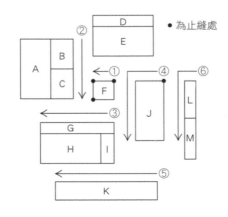

● 為止縫處

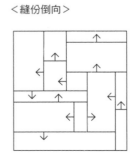

＜縫份倒向＞

52

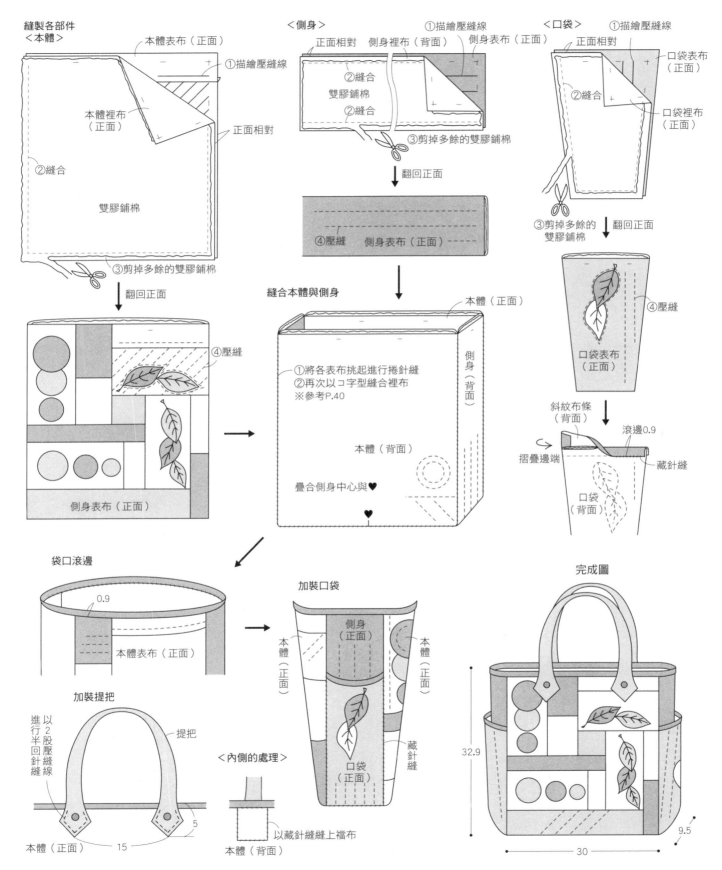

縫製各部件
<本體>

本體表布（正面）
①描繪壓縫線
本體裡布（正面）
正面相對
②縫合
雙膠鋪棉
③剪掉多餘的雙膠鋪棉
翻回正面
④壓縫
側身表布（正面）

<側身>
正面相對
側身裡布（背面）
①描繪壓縫線
側身表布（正面）
②縫合
雙膠鋪棉
②縫合
③剪掉多餘的雙膠鋪棉
翻回正面
④壓縫　側身表布（正面）

縫合本體與側身
本體（正面）
①將各表布挑起進行捲針縫
②再次以コ字型縫合裡布
※參考P.40
側身（背面）
本體（背面）
疊合側身中心與♥
♥

<口袋>
①描繪壓縫線
正面相對
口袋表布（正面）
②縫合
口袋裡布（正面）
③剪掉多餘的雙膠鋪棉
翻回正面
口袋表布（正面）
④壓縫
斜紋布條（背面）
滾邊0.9
藏針縫
摺疊邊端
口袋（背面）

袋口滾邊
0.9
本體表布（正面）

加裝提把
以2股進行半回針壓縫線
提把
本體（正面）
15
5

<內側的處理>
以藏針縫縫上襠布
本體（背面）

加裝口袋
側身（正面）
本體（正面）
本體（正面）
藏針縫
口袋（正面）

完成圖
32.9
9.5
30

3 葉片飾花托特包 → P. 8 原寸紙型A面

✳ 材料

拼接用布…青色條紋布110×80cm、貼布縫用布…
使用零碼布、側身…格紋布90×15cm、裡布（含襠
布）・雙膠鋪棉各90×50cm、提把1組、 25號繡線
適量

✳ 材料

1 進行拼接、貼布縫、刺繡後，縫製本體表布2片。
2 在步驟1與側身表布上分別疊合裡布與雙膠鋪棉
   後縫合周邊。
3 翻回正面進行壓縫。
4 本體與側身正面相對疊合後縫合。
5 加裝提把。

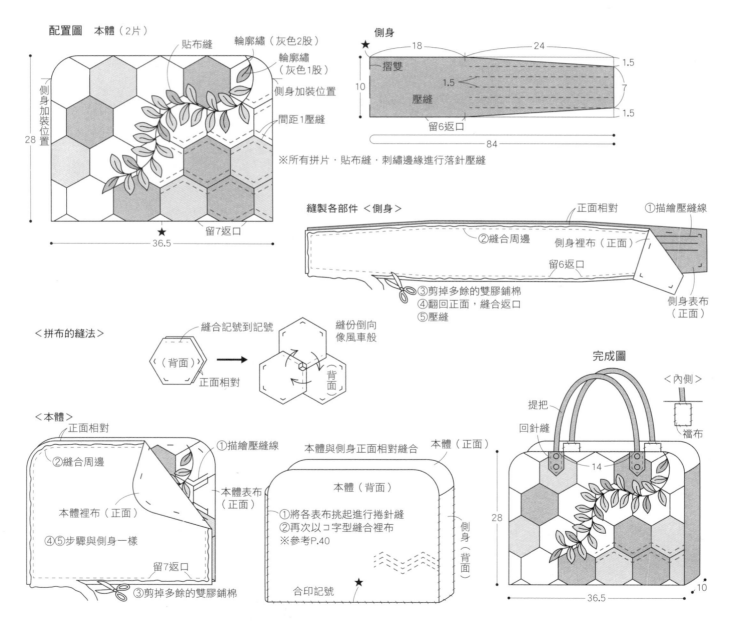

配置圖　本體（2片）
貼布縫　輪廓繡（灰色2股）
輪廓繡（灰色1股）
側身加裝位置
間距1壓縫
側身加裝位置
28
36.5
★
留7返口

側身
★
18　24
摺雙　10　1.5　1.5
壓縫　7
留6返口
84　1.5

※所有拼片・貼布縫・刺繡邊緣進行落針壓縫

縫製各部件 ＜側身＞
正面相對
①描繪壓縫線
②縫合周邊
側身裡布（正面）
留6返口
③剪掉多餘的雙膠鋪棉
④翻回正面，縫合返口
⑤壓縫
側身表布（正面）

＜拼布的縫法＞
縫合記號到記號　縫份倒向像風車般
（背面）　正面相對　背面

＜本體＞
正面相對
②縫合周邊
①描繪壓縫線
本體表布（正面）
本體裡布（正面）
④⑤步驟與側身一樣
留7返口
③剪掉多餘的雙膠鋪棉

本體與側身正面相對縫合　本體（正面）
本體（背面）
①將各表布挑起進行捲針縫
②再次以コ字型縫合裡布
※參考P.40
合印記號
側身（背面）
28

完成圖
＜內側＞
提把
回針縫
襠布
14
28
36.5　10

54

5 櫻花迷你包 → P. 11 原寸紙型A面

❖ 材料

基底布‧貼布縫用布…使用零碼布、底部…格紋布
25×25cm、裡布‧雙膠鋪棉各50×30cm、滾邊（斜
紋布條）4×60cm、20cm長拉鍊1條、25號繡線各色
適量

❖ 材料

1 進行貼布縫、刺繡後，縫製本體表布2片。
2 在步驟1、底表布上分別疊合裡布與雙膠鋪棉後
　參考圖示縫合。
3 翻回正面進行壓縫。
4 本體的上部進行滾邊。
5 加裝拉鍊。
6 本體與底部正面相對疊合後縫合至記號處。

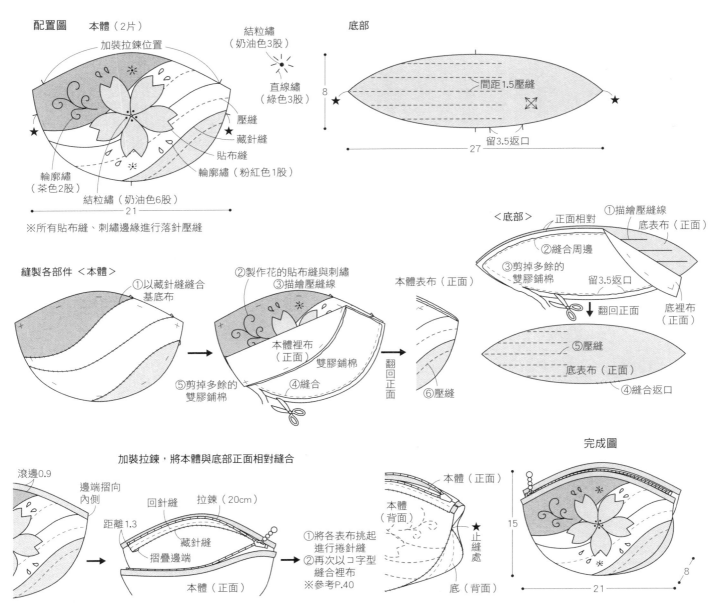

配置圖　本體（2片）

加裝拉鍊位置

結粒繡
（奶油色3股）

直線繡
（綠色3股）

壓縫

藏針縫

貼布縫

輪廓繡
（茶色2股）

輪廓繡（粉紅色1股）

結粒繡（奶油色6股）

21

※所有貼布縫、刺繡邊緣進行落針壓縫

底部

間距1.5壓縫

8

27

留3.5返口

縫製各部件 <本體>

①以藏針縫縫合
基底布

②製作花的貼布縫與刺繡
③描繪壓縫線

本體裡布
（正面）

雙膠鋪棉

⑤剪掉多餘的
雙膠鋪棉

④縫合

翻回正面

本體表布（正面）

⑥壓縫

<底部>

正面相對

①描繪壓縫線

底表布（正面）

②縫合周邊

③剪掉多餘的
雙膠鋪棉

留3.5返口

底裡布
（正面）

翻回正面

⑤壓縫

底表布（正面）

④縫合返口

加裝拉鍊，將本體與底部正面相對縫合

滾邊0.9

邊端摺向
內側

距離1.3

回針縫

藏針縫

摺疊邊端

拉鍊（20cm）

本體（正面）

①將各表布挑起
進行捲針縫
②再次以ㄇ字型
縫合裡布
※參考P.40

本體（正面）

本體
（背面）

★
止
縫
處

底（背面）

完成圖

15

21

8

55

6 葉形迷你包　→ P. 11　原寸紙型A面

❋ 材料

拼接用布（含吊耳）…使用零碼布、裡布・雙膠鋪棉
各50×20cm、16cm長拉鍊1條、25號繡線適量

❋ 材料

1　進行拼接、刺繡後，縫製前・後片表布。
2　步驟1分別與裡布、雙膠鋪棉疊合後縫合周邊。
3　翻回正面進行壓縫。
4　縫製吊耳，夾入前・後片車縫固定。
5　拉鍊加裝在步驟4上，縫合剩下的周邊。

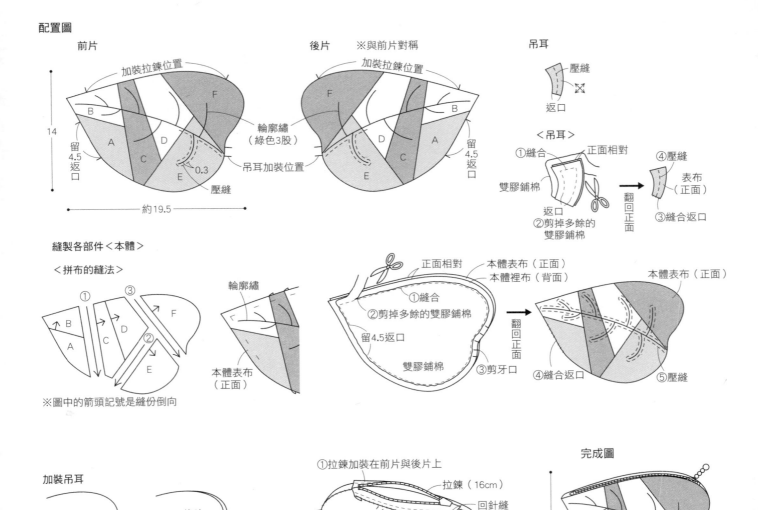

配置圖

前片

加裝拉鍊位置

B

A

C

D

E

F

0.3

壓縫

14

留4.5返口

約19.5

後片　※與前片對稱

加裝拉鍊位置

F

B

D

C

E

A

輪廓繡（綠色3股）

吊耳加裝位置

留4.5返口

吊耳

壓縫

返口

〈吊耳〉

①縫合　正面相對
雙膠鋪棉
返口
②剪掉多餘的雙膠鋪棉

④壓縫
表布（正面）
③縫合返口

翻回正面

縫製各部件〈本體〉

〈拼布的縫法〉

① ③
B ② F
A C D
E

※圖中的箭頭記號是縫份倒向

輪廓繡

本體表布（正面）

正面相對
本體表布（正面）
本體裡布（背面）
①縫合
②剪掉多餘的雙膠鋪棉
留4.5返口
雙膠鋪棉
③剪牙口

翻回正面

本體表布（正面）
④縫合返口
⑤壓縫

加裝吊耳

前片（正面）
只有表布進行藏針縫
吊耳（背面）
0.3

後片（背面）
藏針縫

①拉鍊加裝在前片與後片上
拉鍊（16cm）
回針縫
摺疊邊端
藏針縫
前片（背面）
後片（正面）
②縫合剩下的周邊
只有表布進行捲針縫

完成圖

14

約22

56

7 圓形貼布縫飾花包 → P.12 原寸紙型A面

✿ 材料

基底布…未經漂白的厚布（含貼邊・襯布）・灰色厚布各60×30cm、貼布縫・提把用布…使用零碼布、裡袋50×30cm、雙膠鋪棉60×30cm、襯布65×35cm、提把1組、25號繡線各色適量

✿ 材料

1 進行貼布縫、刺繡後縫製本體表布2片，縫合底部。
2 在步驟1上疊合雙膠鋪棉、襯布後進行壓縫。
3 將步驟2正面相對對摺後縫合脅邊。
4 貼邊縫合在裡袋上，與本體同樣的方式縫合，請留返口。
5 本體與裡袋正面相對疊合，縫合袋口。
6 翻回正面縫合返口，加裝提把。

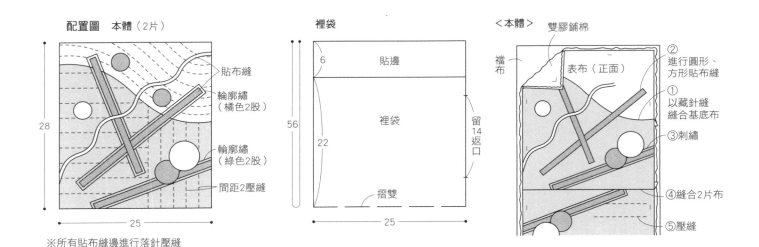

配置圖　本體（2片）

- 貼布縫
- 輪廓繡（橘色2股）
- 輪廓繡（綠色2股）
- 間距2壓縫

28
25

※所有貼布縫邊進行落針壓縫

裡袋

6
貼邊
56
22
裡袋
留14返口
摺雙
25

＜本體＞　雙膠鋪棉

襯布
表布（正面）

② 進行圓形、方形貼布縫
① 以藏針縫縫合基底布
③ 刺繡
④ 縫合2片布
⑤ 壓縫

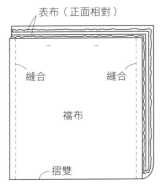

本體正面相對疊合

表布（正面相對）
縫合　　縫合
襯布
摺雙

※以同樣方式縫合裡袋

本體與裡袋正面相對疊合

縫合袋口
貼邊（背面）
裡袋（背面）
留14返口
摺雙

※翻回正面後縫合返口

加裝提把

提把
中心
11
回針縫（壓縫線2股）

＜內側的處理＞

以藏針縫縫合襯布

完成圖

28
25

8 黑色手提包 → P.13 原寸紙型B面

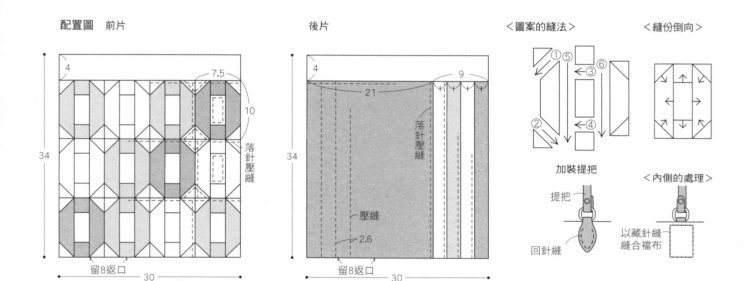

❋ 材料
拼接用布…使用零碼布、裡布（含襠布）‧雙膠鋪棉
各70×40cm、提把1組

❋ 材料
1 完成拼接後，縫製前‧後片表布。
2 在步驟1上分別疊合裡布、雙膠鋪棉後縫合周邊。
3 翻回正面進行壓縫。
4 前‧後片正面相對疊合，縫合袋子。
5 加裝提把。

配置圖　前片

34
4
7.5
10
落針壓縫
留8返口
30

後片

34
4
21
9
落針壓縫
壓縫
2.6
留8返口
30

※所有布塊邊緣進行落針壓縫

＜圖案的縫法＞

①⑤
③⑥
②
④

＜縫份倒向＞

加裝提把

提把
回針縫

＜內側的處理＞

以藏針縫
縫合襠布

完成圖

13
34
30

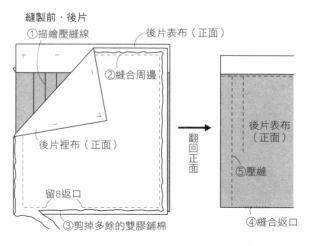

縫製前‧後片
①描繪壓縫線
後片表布（正面）
②縫合周邊
後片裡布（正面）
留8返口
③剪掉多餘的雙膠鋪棉

翻回正面

後片表布
（正面）
⑤壓縫
④縫合返口

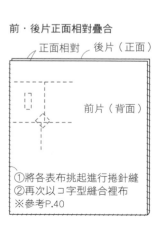

前‧後片正面相對疊合

正面相對　後片（正面）
前片（背面）
①將各表布挑起進行捲針縫
②再次以ㄇ字型縫合裡布
※參考P.40

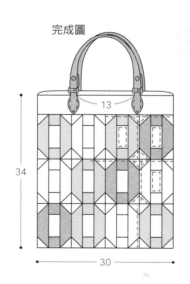

9　玫瑰亞麻包　→ P.14　原寸紙型B面

✲ 材料

基底布…未經漂白的厚布（含提把）110×40cm·灰色格紋布60×60cm、貼布縫用布…使用零碼布、裡布100×40cm、25號繡線各色適量

✲ 材料

1　進行貼布縫、刺繡後，縫製前·後片表布。
2　裡布正面相對疊合在步驟1上，夾入提把後縫合周邊。
3　翻回正面縫合返口，抓褶後周邊進行車縫。
4　前·後片正面相對疊合，從脇邊以捲針縫縫合底部。

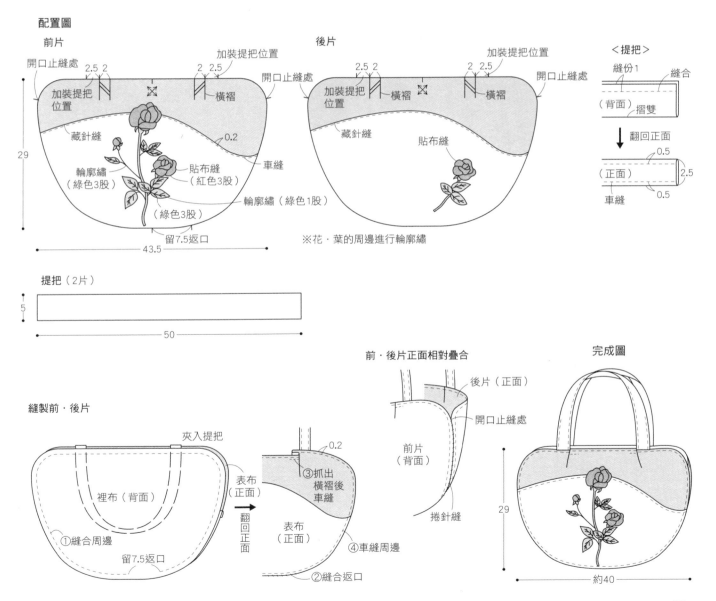

10 雛菊掛飾 → P.15 原寸紙型B面

❋ 材料

葉子…綠色格紋布15×25cm、花…駝色（斜紋布條）2.5×140cm、包釦用布…使用針織零碼布、雙膠鋪棉15×10cm、毛線140cm、寬0.7cm緞帶44cm、包釦金屬片：直徑2.5cm×1個、直徑2.1cm×2個、25號繡線適量

❋ 材料

1 葉片上完成刺繡後，縫製表布。
2 裡布與雙膠鋪棉疊合在步驟1上後縫合周邊，翻回正面進行落針壓縫。
3 縫製布繩作成花瓣形狀，縮縫出大、小2朵花。
4 縫製3個包釦。
5 小花疊在大花上，將包釦車縫固定在中心。
6 緞帶對摺，車縫固定葉片、花、包釦。

11 幸運草掛飾 → P.15 原寸紙型B面

❋ 材料

葉片…綠色格紋布30×15cm、雙膠鋪棉30×15cm、寬0.7cm緞帶49cm、25號繡線適量

❋ 材料

1 在葉片上刺繡後，縫製表布
2 裡布與雙膠鋪棉疊合在步驟1上後縫合周邊，翻回正面。縫製8片。
3 4片配在一起，以捲針縫縫合中央，縫製出2個幸運草。
4 緞帶對摺，車縫固定步驟3。

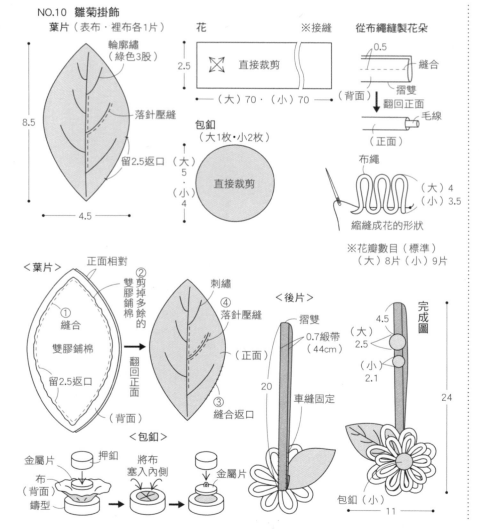

NO.10 雛菊掛飾
葉片（表布‧裡布各1片）

花　　　　　　※接縫
2.5　直接裁剪
（大）70‧（小）70

包釦（大1枚‧小2枚）
直接裁剪

輪廓繡（綠色3股）
落針壓縫
8.5
留2.5返口（大）5‧（小）4
4.5

從布繩縫製花朵
0.5　縫合
（背面）摺雙　翻回正面
毛線
（正面）
布繩
（大）4（小）3.5
縮縫成花的形狀
※花瓣數目（標準）（大）8片（小）9片

〈葉片〉
正面相對
①縫合　雙膠鋪棉
②剪掉多餘的雙膠鋪棉　翻回正面
留2.5返口
（背面）

刺繡
④落針壓縫
（正面）
③縫合返口

〈包釦〉
金屬片　押釦
布（背面）
鑄型
將布塞入內側　金屬片

〈後片〉
摺雙　0.7緞帶（44cm）
20
車縫固定

完成圖
4.5（大）2.5　（小）2.1
24
包釦（小）
11

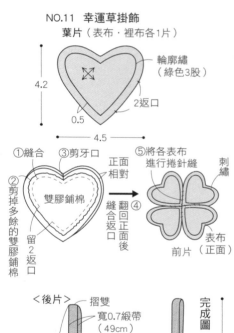

NO.11 幸運草掛飾
葉片（表布‧裡布各1片）
輪廓繡（綠色3股）
4.2
0.5　2返口
4.5

①縫合　③剪牙口
②剪掉多餘的雙膠鋪棉
雙膠鋪棉
留2返口
正面相對
縫合返口　翻回正面後
⑤將各表布進行捲針縫
刺繡
④
表布前片（正面）

〈後片〉
摺雙　寬0.7緞帶（49cm）
23
車縫固定
車縫固定
葉片（背面）
完成圖
26
8.5

18 鑽石形拼布包 → P.23 原寸紙型C面

❀ 材料

拼接用布…使用零碼布、側身…灰色格紋布100×15cm、裡布（含襠布）、雙膠鋪棉各110×60cm、提把1組、25號繡線各色適量

❀ 材料

1 進行拼接、刺繡後，縫製本體表布2片。
2 在步驟1與側身表布上分別疊合裡布與雙膠鋪棉後縫合周邊。
3 翻回正面進行壓縫。
4 本體與側身正面相對疊合後縫合。
5 加裝提把。

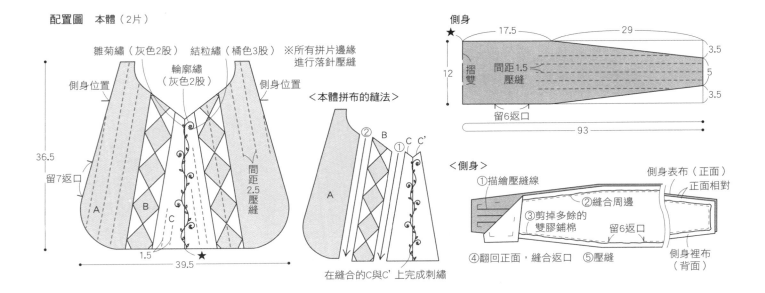

配置圖　本體（2片）

雛菊繡（灰色2股）　結粒繡（橘色3股）　※所有拼片邊緣進行落針壓縫

輪廓繡（灰色2股）

側身位置　　　　　　　　　　　側身位置

36.5

留7返口

間距2.5壓縫

A　B　C

1.5　　39.5

<本體拼布的縫法>

② B ① C C'

A

在縫合的C與C'上完成刺繡

側身
★
17.5　　29
3.5
12　摺雙　間距1.5壓縫　5
3.5
留6返口
93

<側身>

①描繪壓縫線　　　　　側身表布（正面）
②縫合周邊　　　　　正面相對
③剪掉多餘的雙膠鋪棉　留6返口
④翻回正面，縫合返口　⑤壓縫
側身裡布（背面）

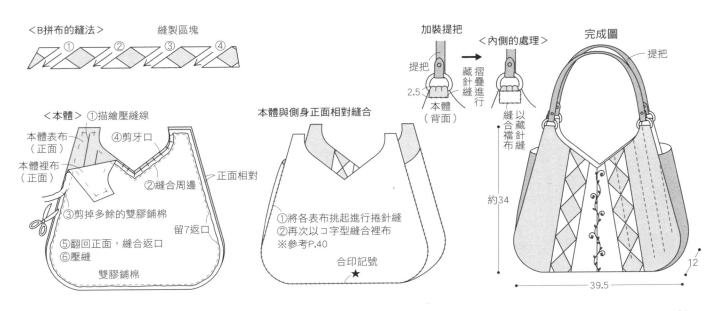

<B拼布的縫法>　　縫製區塊

①　②　③　④

<本體>　①描繪壓縫線
本體表布（正面）
本體裡布（正面）
④剪牙口
②縫合周邊　正面相對
③剪掉多餘的雙膠鋪棉
留7返口
⑤翻回正面，縫合返口
⑥壓縫
雙膠鋪棉

本體與側身正面相對縫合

①將各表布挑起進行捲針縫
②再次以コ字型縫合裡布
※參考P.40

合印記號
★

加裝提把
提把
藏針縫
2.5
本體（背面）

<內側的處理>　摺疊進行
縫合襠布　以藏針縫

完成圖
提把

約34

39.5
12

61

13 薰衣草飾花單肩包　→ P. 17　原寸紙型B面

✳ 材料

拼接用布…使用零碼布、本體・釦絆…灰色先染布100×35cm、側身・脇邊口袋…灰色格紋布85×30cm、提把…格紋布50×50cm、裡布・雙膠鋪棉各110×80cm、滾邊（斜紋布條）4×25cm、直徑1.2cm押釦1組、25號繡線各色適量

✳ 材料

1　進行拼接、刺繡後，縫製前・後片口袋表布。提把表布與吊耳表布上完成刺繡。
2　在步驟1，本體表布、側身表布、脇邊口袋表布上分別疊合裡布與雙膠鋪棉後縫合周邊。
3　翻回正面進行壓縫。
4　脇邊口袋的上部進行滾邊。
5　本體與側身正面相對縫合。
6　加裝前・後片口袋與脇邊口袋。
7　在側身上加裝提把，本體後片上加裝釦絆。

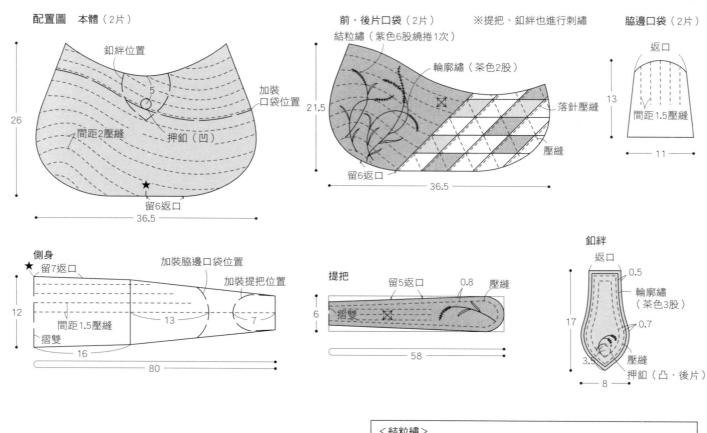

配置圖　本體（2片）

釦絆位置
加裝口袋位置
押釦（凹）
間距2壓縫
26
36.5
留6返口
5

前・後片口袋（2片）　※提把、釦絆也進行刺繡

結粒繡（紫色6股繞捲1次）
輪廓繡（茶色2股）
落針壓縫
壓縫
21.5
留6返口
36.5

脇邊口袋（2片）

返口
13
間距1.5壓縫
11

側身

★留7返口
加裝脇邊口袋位置
加裝提把位置
12
間距1.5壓縫
摺雙
13
7
16
80

提把

留5返口　0.8　壓縫
6
摺雙
58

釦絆

返口　0.5
輪廓繡（茶色3股）
0.7
17
壓縫
3.5
押釦（凸・後片）
8

＜拼接方法＞

縫製區塊
⑤ ① ② ③ ④

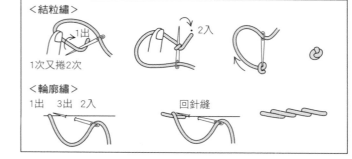

＜結粒繡＞
1出
2入
1次又捲2次

＜輪廓繡＞
1出　3出　2入
回針縫

62

縫製各部件　<本體>

①描繪壓縫線
正面相對
本體表布（正面）
②縫合
本體裡布（正面）
雙膠鋪棉
留6返口
③剪掉多餘的雙膠鋪棉

↓翻回正面

⑤壓縫
本體表布（正面）
④縫合返口

<前‧後片口袋>

①描繪壓縫線
前‧後片口袋表布（正面）
正面相對
②縫合
前‧後片口袋裡布（正面）
雙膠鋪棉
留6返口
③剪掉多餘的雙膠鋪棉

↓翻回正面

⑤壓縫
前‧後片口袋表布（正面）
④縫合返口

<脅邊口袋>

返口
脅邊口袋表布（正面）
②縫合
正面相對
雙膠鋪棉
③剪掉多餘的雙膠鋪棉
①描繪壓縫線

→翻回正面

⑤滾邊
0.9
脅邊口袋表布（正面）
④壓縫

<釦絆>

返口
正面相對
③剪掉多餘的雙膠鋪棉
雙膠鋪棉
②縫合
釦絆裡布（正面）
釦絆表布（正面）
①描繪壓縫線
④將釦絆、提把翻回正面，縫合返口
⑤壓縫

<提把>

①描繪壓縫線
正面相對
②縫合周邊
提把表布（正面）
提把裡布（正面）
留5返口
雙膠鋪棉
③剪掉多餘的雙膠鋪棉

<側身>

①描繪壓縫線
側身表布（正面）
正面相對
②縫合周邊
留7返口
側身裡布（正面）
雙膠鋪棉
③剪掉多餘的雙膠鋪棉

→翻回正面

④縫合返口
⑤壓縫

本體與側身正面相對縫合

本體（正面）
側身（背面）
本體（背面）
①將各表布挑起進行捲針縫
②再次以ㄈ字形縫法縫合裡布
※參考P.40
★合印記號

→翻回正面

加裝口袋

本體（正面）
前‧後片口袋（正面）
提把（背面）
藏針縫
側身（背面）
藏針縫

加裝提把

提把（正面）
提把（背面）
藏針縫
7
側身（正面）
藏針縫
側身（背面）

加裝釦絆

以藏針縫縫合內側
2.5
後片（正面）
藏針縫

完成圖

押釦
26
約11
36.5

63

14 雙口袋提包　→ P.18　原寸紙型C面

✽ 材料

本體…圓點布100×30cm、側身…灰色布90×15cm、口袋…藍灰色布75×25cm、裡布（含襠布）·雙膠鋪棉各90×65cm、滾邊（斜紋布條）4×85cm、提把1組、25號繡線適量

✽ 材料

1　在3片口袋表布上完成刺繡。
2　在步驟1、本體表布、側身表布上分別疊合裡布與雙膠鋪棉後參考圖片縫合。
3　翻回正面進行壓縫。
4　本體袋口上抓出橫褶進行滾邊。
5　本體與側身正面相對疊合後縫合。
6　本體上加裝口袋。
7　加裝提把。

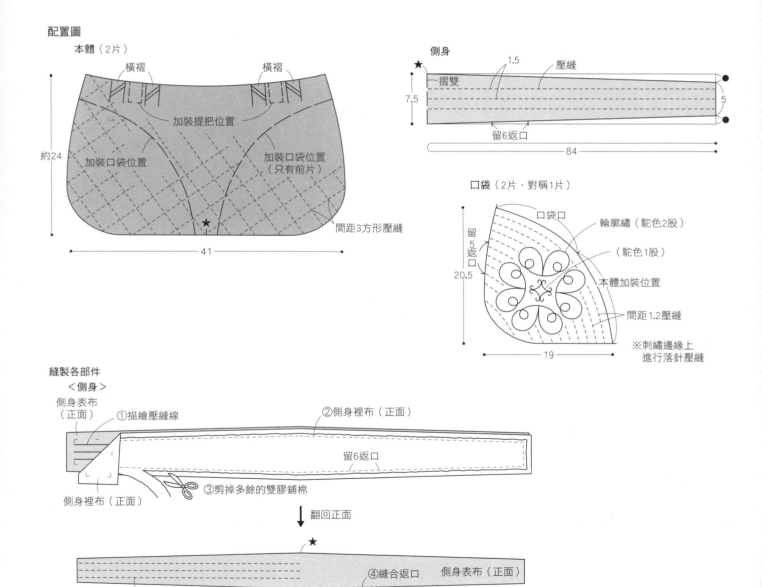

配置圖

本體（2片）

橫褶　橫褶
加裝提把位置
加裝口袋位置　加裝口袋位置（只有前片）
約24
41
間距3方形壓縫

側身

1.5　壓縫
摺雙
7.5
5
留6返口
84

口袋（2片·對稱1片）

口袋口
輪廓繡（駝色2股）
（駝色1股）
本體加裝位置
間距1.2壓縫
留5返口
20.5
19
※刺繡邊緣上進行落針壓縫

縫製各部件

＜側身＞

側身表布（正面）
①描繪壓縫線
②側身裡布（正面）
留6返口
③剪掉多餘的雙膠鋪棉
側身裡布（正面）

翻回正面

★
④縫合返口　側身表布（正面）
⑤壓縫

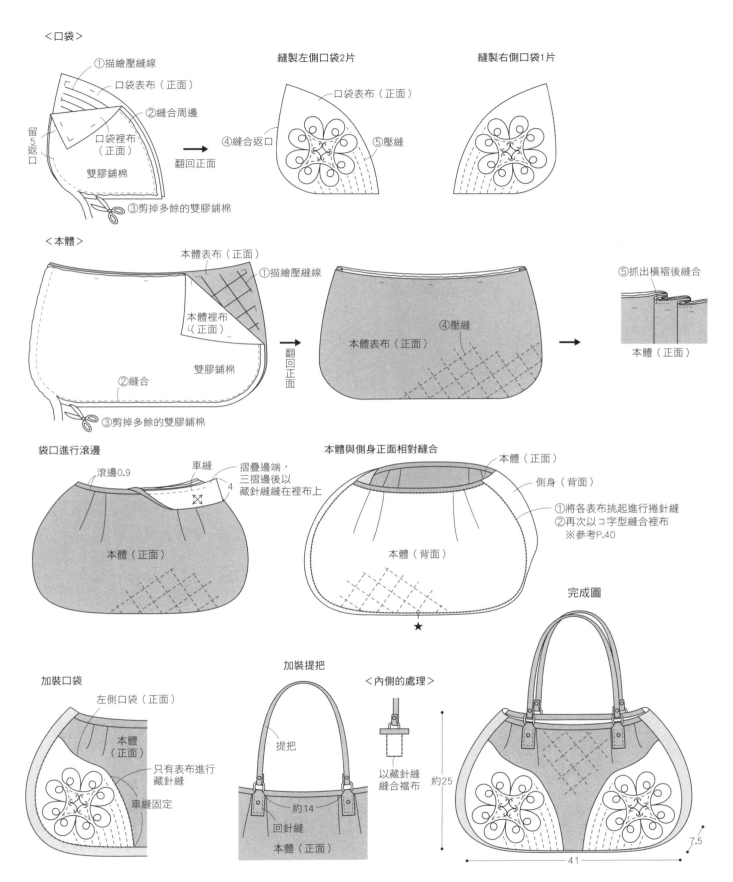

＜口袋＞

①描繪壓縫線
口袋表布（正面）
②縫合周邊
口袋裡布（正面）
雙膠鋪棉
留5返口
③剪掉多餘的雙膠鋪棉
翻回正面

縫製左側口袋2片
口袋表布（正面）
④縫合返口
⑤壓縫

縫製右側口袋1片

＜本體＞

本體表布（正面）
①描繪壓縫線
本體裡布（正面）
雙膠鋪棉
②縫合
③剪掉多餘的雙膠鋪棉
翻回正面

本體表布（正面）
④壓縫

⑤抓出橫褶後縫合
本體（正面）

袋口進行滾邊
滾邊0.9
車縫
摺疊邊端，三摺邊後以藏針縫縫在裡布上
4
本體（正面）

本體與側身正面相對縫合
本體（正面）
側身（背面）
①將各表布挑起進行捲針縫
②再次以ロ字型縫合裡布
※參考P.40
本體（背面）
★

完成圖

加裝口袋
左側口袋（正面）
本體（正面）
只有表布進行藏針縫
車縫固定

加裝提把
提把
約14
回針縫
本體（正面）

＜內側的處理＞
以藏針縫縫合襠布

約25
41
7.5

15 單色調提包 → P.19 原寸紙型C面

❋ 材料

拼接用布…使用零碼布、側身・口袋…黑色先染布85×35cm、裡布（含襠布）・雙膠鋪棉各110×50cm、提把1組、25號繡線適量

❋ 材料

1 進行拼接、刺繡後縫製本體表布。在口袋表布上完成刺繡。
2 在步驟1、側身表布上分別疊合裡布與雙膠鋪棉後縫合周邊。
3 翻回正面進行壓縫。
4 本體與側身正面相對疊合後縫合。
5 本體上加裝口袋。
6 加裝提把。

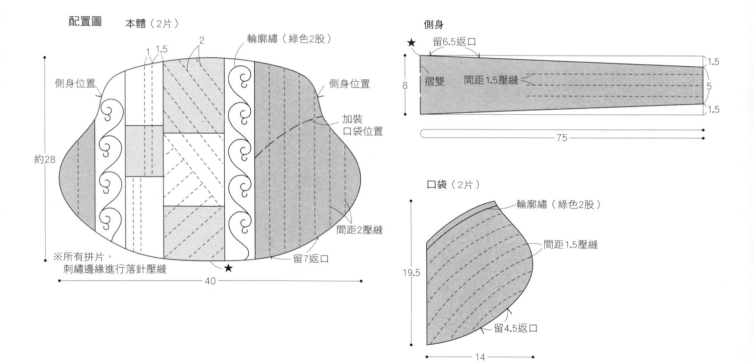

配置圖　本體（2片）

輪廓繡（綠色2股）

側身位置

側身位置

加裝口袋位置

約28

間距2壓縫

留7返口

※所有拼片、刺繡邊緣進行落針壓縫

40

側身

★　留6.5返口

摺雙　間距1.5壓縫

8

1.5
5
1.5

75

口袋（2片）

輪廓繡（綠色2股）

間距1.5壓縫

19.5

留4.5返口

14

<拼接方法>

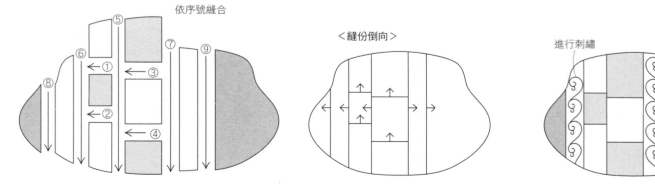

依序號縫合

<縫份倒向>

進行刺繡

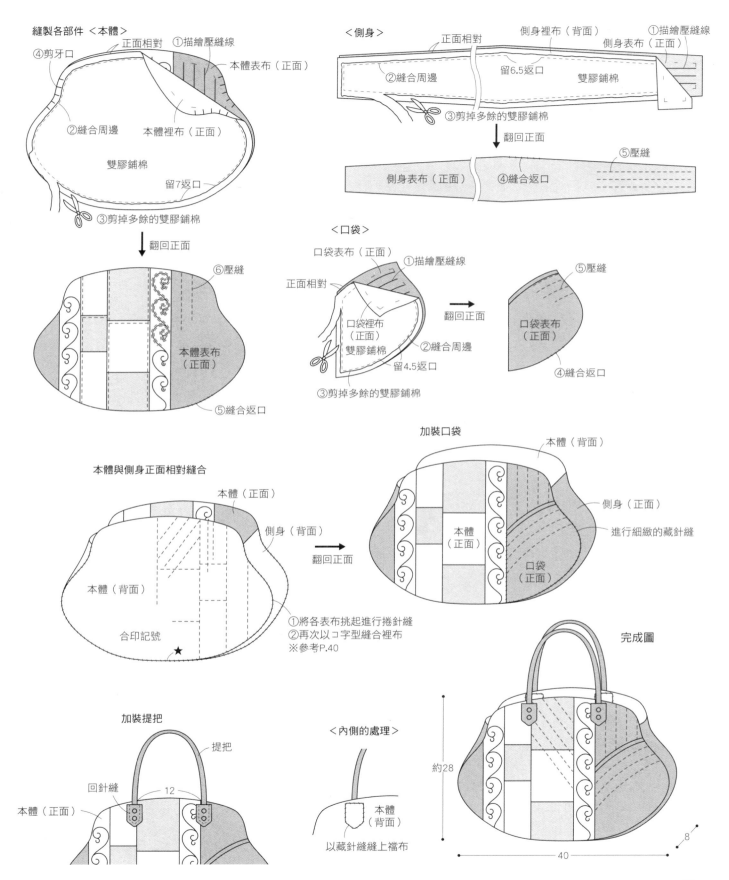

縫製各部件 〈本體〉

④剪牙口
正面相對
①描繪壓縫線
本體表布（正面）
②縫合周邊
本體裡布（正面）
雙膠鋪棉
留7返口
③剪掉多餘的雙膠鋪棉
翻回正面

⑥壓縫
本體表布（正面）
⑤縫合返口

〈側身〉
正面相對
側身裡布（背面）
①描繪壓縫線
側身表布（正面）
②縫合周邊
留6.5返口
雙膠鋪棉
③剪掉多餘的雙膠鋪棉
翻回正面
側身表布（正面）
④縫合返口
⑤壓縫

〈口袋〉
口袋表布（正面）
①描繪壓縫線
正面相對
口袋裡布（正面）
②縫合周邊
雙膠鋪棉
留4.5返口
③剪掉多餘的雙膠鋪棉
翻回正面
⑤壓縫
口袋表布（正面）
④縫合返口

本體與側身正面相對縫合
本體（正面）
側身（背面）
本體（背面）
合印記號
翻回正面
①將各表布挑起進行捲針縫
②再次以ㄈ字型縫合裡布
※參考P.40

加裝口袋
本體（背面）
本體（正面）
側身（正面）
進行細緻的藏針縫
口袋（正面）

完成圖
約28
40
8

加裝提把
提把
回針縫
12
本體（正面）

〈內側的處理〉
本體（背面）
以藏針縫縫上襠布

16 波士頓包 → P. 20 原寸紙型C面

❀ 材料

拼接用布（含基底布・側口袋・釦絆）…使用零碼布、側身・口布…茶色圓點布100×20cm、裡布・雙膠鋪棉各100×65cm、滾邊（斜紋布條）2種各4×80cm、30cm長・15cm長拉鍊各1條、附鉚釘提把1組

❀ 材料

1 縫好本體表布、側口袋表布、拼接部分後，縫製釦絆表布。
2 在步驟1、側身表布、口布表布上分別疊合裡布與雙膠鋪棉後縫合指定的部分。
3 翻回正面進行壓縫。
4 釦絆上加裝拉鍊，疊合後片布後，周邊進行滾邊。
5 口布上加裝拉鍊，與本體背面相對疊合後縫合，進行滾邊。
6 本體與側身正面相對縫合，側身上加裝口袋。
7 加裝釦絆與提把。

配置圖　本體（2片）

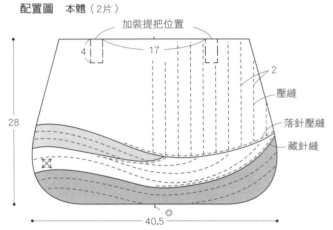

側身

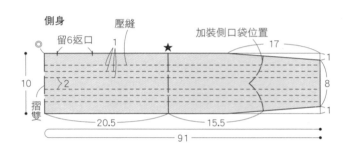

側口袋（2片）

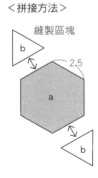

口布（2片）

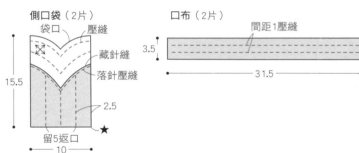

釦絆（後片布是1片布）

<拼接方法>

縫製區塊

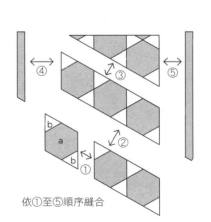

依①至⑤順序縫合

釦絆A

釦絆B

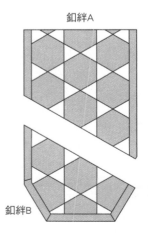

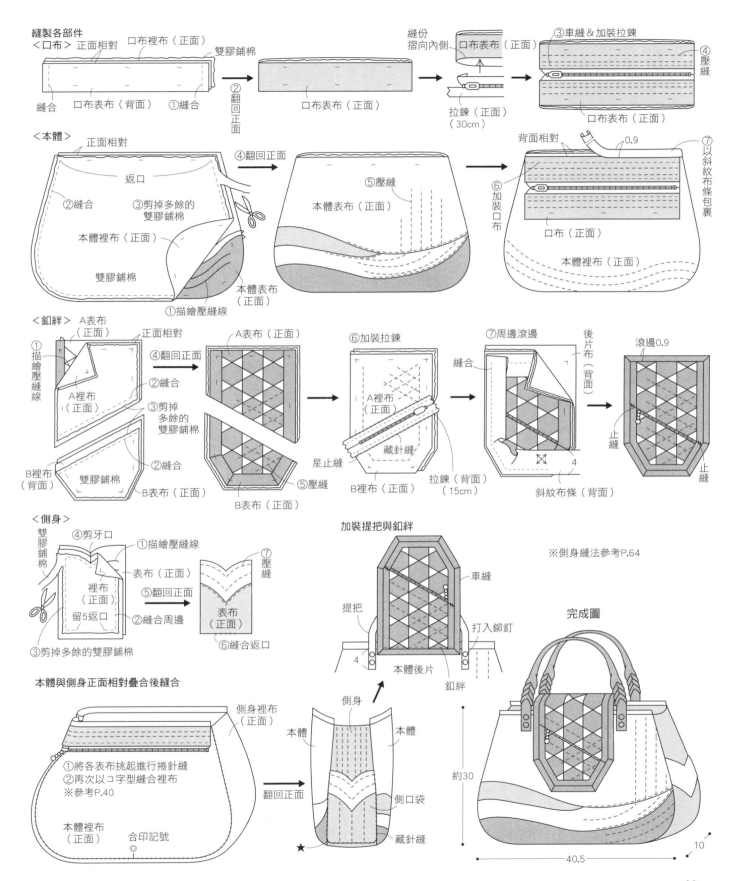

縫製各部件

<口布>
正面相對
口布裡布（正面）
雙膠鋪棉
口布表布（背面）
①縫合
縫合
口布表布（背面）

②翻回正面

口布表布（正面）

縫份摺向內側
口布表布（正面）

拉鍊（正面）（30cm）

③車縫＆加裝拉鍊
口布表布（正面）
④壓縫
口布表布（正面）

<本體>
正面相對
返口
②縫合
③剪掉多餘的雙膠鋪棉
本體裡布（正面）
雙膠鋪棉
①描繪壓縫線
本體表布（正面）

④翻回正面

⑤壓縫
本體表布（正面）

背面相對
0.9
⑥加裝口布
口布（正面）
⑦以斜紋布條包裹
本體裡布（正面）

<釦絆>
A表布（正面）
①描繪壓縫線
A裡布（正面）
正面相對
②縫合
③剪掉多餘的雙膠鋪棉
B裡布（背面）
②縫合
雙膠鋪棉
B表布（正面）

④翻回正面
A表布（正面）
⑤壓縫
B表布（正面）

⑥加裝拉鍊
A裡布（正面）
藏針縫
星止縫
B裡布（正面）
拉鍊（背面）（15cm）

⑦周邊滾邊
縫合
後片布（背面）
4
斜紋布條（背面）

滾邊0.9
止縫
止縫

<側身>
雙膠鋪棉
④剪牙口
①描繪壓縫線
表布（正面）
裡布（正面）
留5返口
③剪掉多餘的雙膠鋪棉

⑦壓縫
⑤翻回正面
②縫合周邊
表布（正面）
⑥縫合返口

加裝提把與釦絆

提把
車縫
本體後片
打入鉚釘
釦絆
4

※側身縫法參考P.64

完成圖

本體與側身正面相對疊合後縫合

側身裡布（正面）
①將各表布挑起進行捲針縫
②再次以ㄷ字型縫合裡布
※參考P.40
本體裡布（正面）
合印記號

本體
側身
本體
翻回正面
側口袋
藏針縫

約30
40.5
10

69

17 葉片飾花肩背包　→ P.22　原寸紙型C面

❖ 材料

拼接・貼布縫用布…茶色先染布（含側身・吊耳・包釦）100×25cm・使用零碼布・裡布・雙膠鋪棉各100×40cm、滾邊（斜紋布條）4×60cm、20cm長拉鍊2條、肩背帶1組（4cm寬茶色布帶150cm、內徑4cm鋅鉤2個、內徑4cm寬日型環1個）、內徑1.5cm單圈2個、直徑2.4cm塑料釦2個、直徑1.4cm磁釦1組、木珠9個、25號繡線適量

❖ 材料

1　完成拼接、貼布縫、刺繡後，縫製前片表布、前・後片口袋表布。
2　在步驟1、側身表布、後片表布上分別疊合裡布與雙膠鋪棉後縫合指定的部分。
3　翻回正面進行壓縫。
4　拉鍊加裝在前口袋與前片上。前・後片的袋口進行滾邊。
5　前・後片與側身正面相對縫合，袋口上加裝拉鍊。
6　車縫固定吊耳，加裝肩背帶。

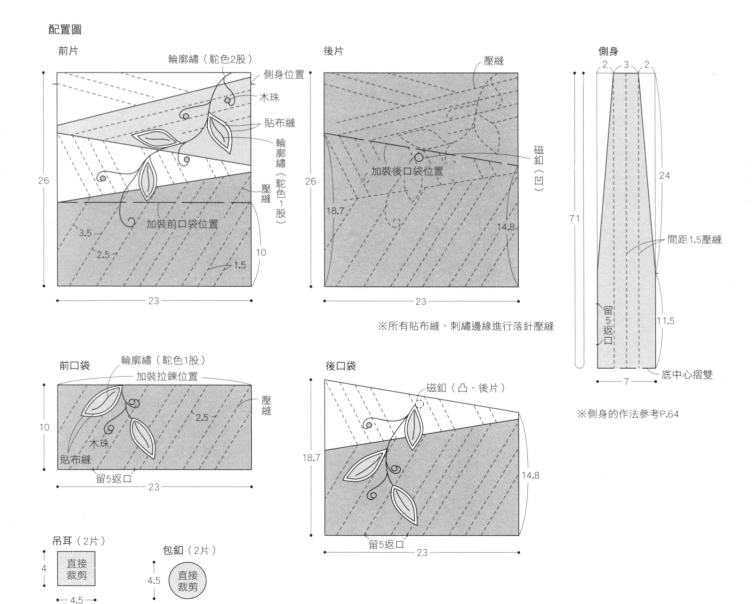

※側身的作法參考P.64

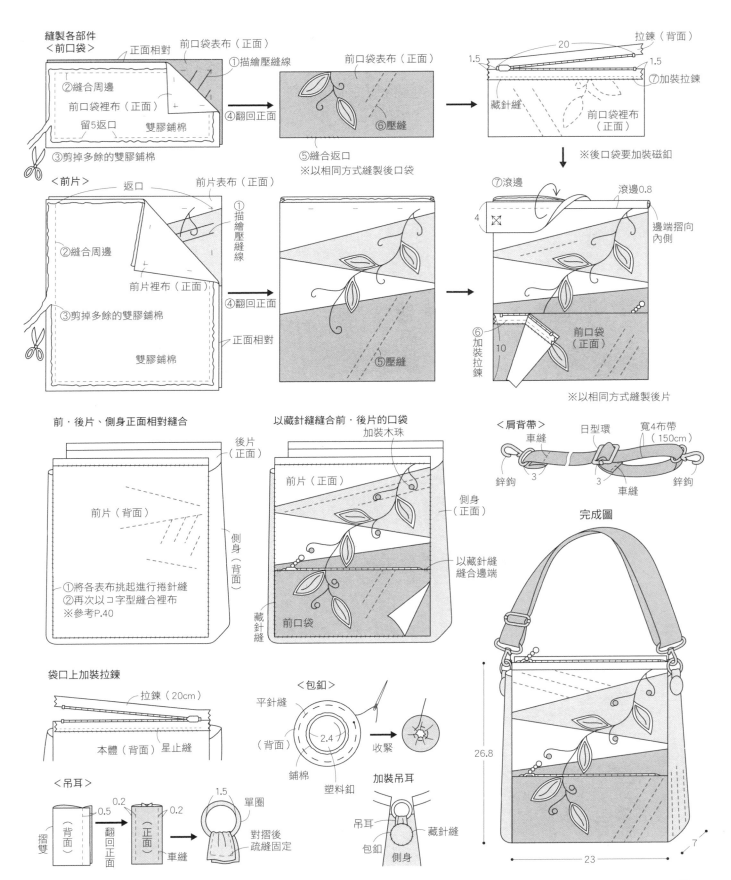

縫製各部件
<前口袋>

正面相對
②縫合周邊
前口袋裡布（正面）
留5返口　　雙膠鋪棉
③剪掉多餘的雙膠鋪棉

前口袋表布（正面）
①描繪壓縫線
④翻回正面

前口袋表布（正面）
⑥壓縫
⑤縫合返口
※以相同方式縫製後口袋

20　　拉鍊（背面）
1.5　　　　　　1.5
⑦加裝拉鍊
藏針縫　　前口袋裡布
　　　　　（正面）

※後口袋要加裝磁釦

<前片>
返口　　前片表布（正面）
①描繪壓縫線
②縫合周邊
前片裡布（正面）
③剪掉多餘的雙膠鋪棉
正面相對
雙膠鋪棉
④翻回正面

⑤壓縫

⑦滾邊　　滾邊0.8
4　　　　　邊端摺向內側
⑥加裝拉鍊　　前口袋（正面）
10
※以相同方式縫製後片

前・後片、側身正面相對縫合
後片（正面）
前片（背面）
側身（背面）
①將各表布挑起進行捲針縫
②再次以コ字型縫合裡布
※參考P.40

以藏針縫縫合前・後片的口袋
加裝木珠
前片（正面）
側身（正面）
以藏針縫縫合邊端
藏針縫
前口袋

<肩背帶>
日型環　　寬4布帶（150cm）
車縫
鋅鉤　　3　　車縫　　鋅鉤

完成圖

26.8
23　　　7

袋口上加裝拉鍊
拉鍊（20cm）
本體（背面）星止縫

<包釦>
平針縫
（背面）　2.4
鋪棉　　塑料釦
收緊

加裝吊耳
吊耳　　藏針縫
包釦　　側身

<吊耳>
摺雙　　0.2　　1.5
（背面）　0.5　（正面）　0.2　　單圈
翻回正面　　車縫　　對摺後疏縫固定

71

19 三色菫飾花後背包 → P.24 原寸紙型D面

❀ 材料

拼接・貼布縫用布…使用零碼布、本體…先染布
（含口袋）100×40cm、裡布（含襠布）・雙膠
鋪棉各100×40cm、滾邊（斜紋布條）4×80cm・
3.5×70cm、30cm長拉鍊1條、直徑1.8cm磁釦1組、
附革力布後背帶1組（黑色布帶：寬3cm×220cm、
提把繩：寬1.5cm×25cm、內徑3cm日型環2個、內
徑寬3cm長方型環2個、革力布適量）、25號繡線各
色適量

❀ 材料

1　進行拼接、貼布縫、刺繡後，縫製袋蓋表布。
2　在步驟1、前・後片表布、口袋表布上分別疊合裡
　　布與雙膠鋪棉後縫合指定的部分。
3　翻回正面進行壓縫。
4　袋蓋的上部進行滾邊。
5　拉鍊加裝在前片，縫合縫褶。
6　前・後片正面相對疊合，夾入後背帶後縫合，袋口
　　進行滾邊。
7　將口袋、袋蓋、後背包肩帶加裝於後片。

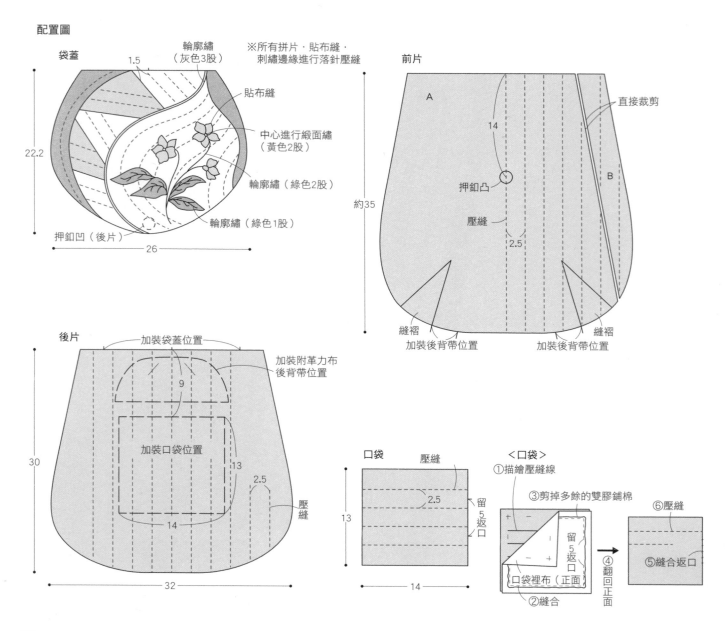

配置圖

袋蓋　輪廓繡（灰色3股）　※所有拼片・貼布縫・刺繡邊緣進行落針壓縫　前片

1.5　貼布縫
22.2　中心進行緞面繡（黃色2股）
輪廓繡（綠色2股）
輪廓繡（綠色1股）
押釦凹（後片）
26

A　直接裁剪
14　押釦凸
約35　壓縫
B　2.5
縫褶　加裝後背帶位置　縫褶　加裝後背帶位置

後片　加裝袋蓋位置　加裝附革力布後背帶位置
9
加裝口袋位置
加裝口袋位置
30　13　2.5
14　壓縫
32

口袋　壓縫
2.5
13　留5返口
14

＜口袋＞
①描繪壓縫線
③剪掉多餘的雙膠鋪棉
⑥壓縫
口袋裡布（正面）
②縫合
④翻回正面
⑤縫合返口

縫製各部件

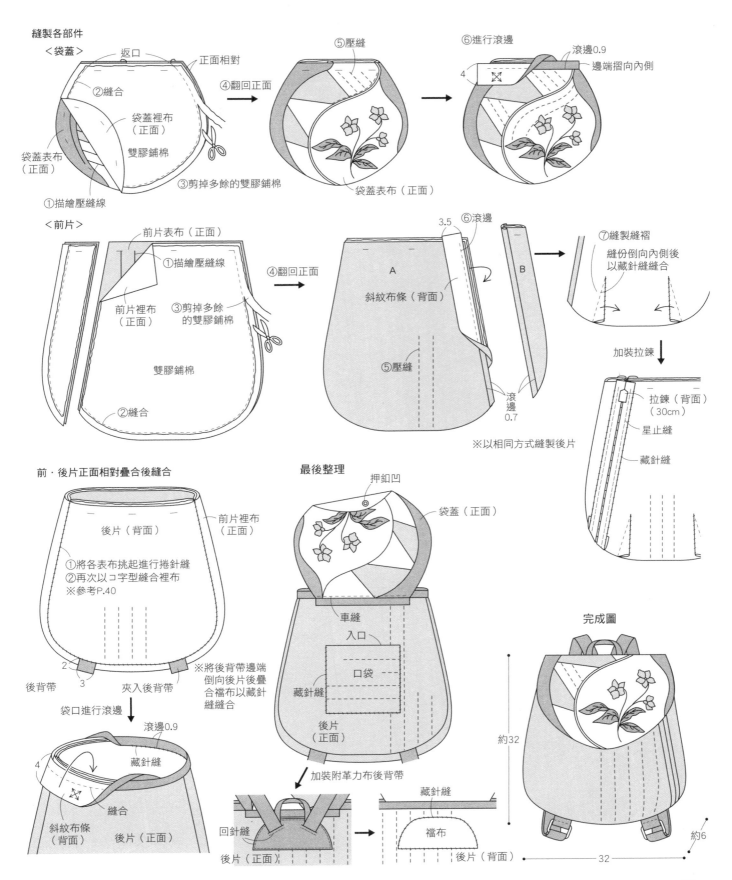

＜袋蓋＞

返口
正面相對
②縫合
袋蓋裡布（正面）
雙膠鋪棉
袋蓋表布（正面）
①描繪壓縫線
④翻回正面
③剪掉多餘的雙膠鋪棉

⑤壓縫
袋蓋表布（正面）

⑥進行滾邊
滾邊0.9
邊端摺向內側
4

＜前片＞

前片表布（正面）
①描繪壓縫線
前片裡布（正面）
③剪掉多餘的雙膠鋪棉
雙膠鋪棉
②縫合
④翻回正面

3.5
⑥滾邊
A
斜紋布條（背面）
⑤壓縫
B
滾邊0.7

※以相同方式縫製後片

⑦縫製縫褶
縫份倒向內側後以藏針縫縫合

加裝拉鍊
拉鍊（背面）（30cm）
星止縫
藏針縫

前・後片正面相對疊合後縫合

後片（背面）
①將各表布挑起進行捲針縫
②再次以ㄈ字型縫合裡布
※參考P.40
前片裡布（正面）

2
後背帶
3
夾入後背帶
※將後背帶邊端倒向後片後疊合檔布以藏針縫縫合

袋口進行滾邊
滾邊0.9
藏針縫
4
縫合
斜紋布條（背面）
後片（正面）

最後整理
押釦凹
袋蓋（正面）
車縫
入口
口袋
藏針縫
後片（正面）

加裝附革力布後背帶
回針縫
後片（正面）
藏針縫
檔布
後片（背面）

完成圖
約32
約6
32

20 向日葵飾花提包　→ P. 26 原寸紙型D面

❀ 材料

拼接‧貼布縫用布…綠色先染布110×50cm（含底部‧貼邊‧吊耳‧加裝提把布‧包釦用布）‧使用零碼布‧裡布（含襠布）‧雙膠鋪棉各75×65cm‧直徑2.4cm塑料釦2個‧內徑.1.3cm D型環2個‧內徑1.5cm單圈2個‧提把1組‧縫份收尾用斜紋布4.5×35cm‧提把1組‧燭心線‧25號繡線各適量

❀ 材料

1　進行拼接、貼布縫、刺繡後，縫製本體表布、與底部縫合。
2　將加裝好貼邊的裡布與雙膠鋪棉疊合在步驟1上後縫合周邊。
3　翻回正面進行壓縫。
4　將步驟3正面相對疊合，縫合脇邊、側身。
5　加裝提把。

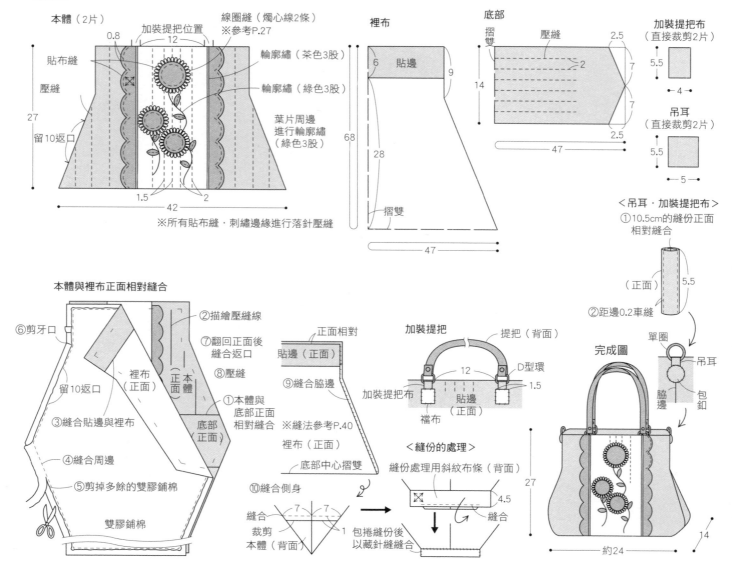

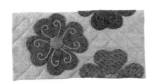

23 花朵圖案扁平迷你包　→ P. 30　原寸紙型D面

✻ 材料

基底布・口袋…駝色圓點布30×45cm、貼布縫用布…
使用零碼布、裡布・雙膠鋪棉各30×45cm、直徑1.4cm
磁釦1組、25號繡線各色適量

✻ 材料

1　在基底布上進行貼布縫、刺繡後，縫製本體表布。
2　在步驟1與口袋表布上分別疊合裡布與雙膠鋪棉後縫合周邊。
3　翻回正面進行壓縫。
4　本體與口袋正面相對疊合後，縫合脇邊與底部。
5　加裝磁釦。

配置圖 本體

（綠色1股） 貼布縫
背面上磁釦（凸）
輪廓繡（白色1股）
1.5
1.5
2.5
2
壓縫
24
留7返口
（橘色1股）
22

※所有貼布縫邊進行落針壓縫

口袋

壓縫
2
磁釦（凹）
1.5
10
留4返口
22

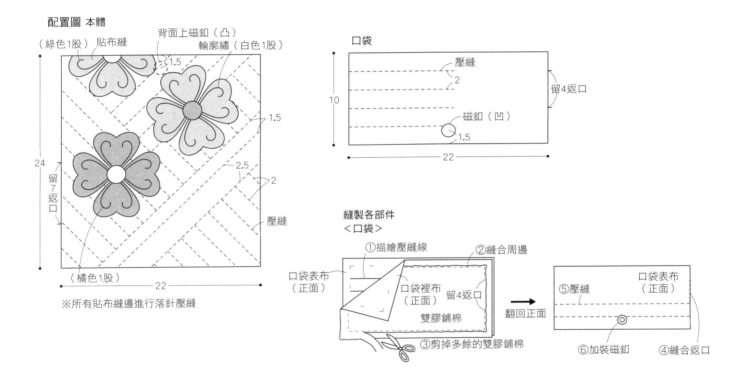

縫製各部件
＜口袋＞

①描繪壓縫線
②縫合周邊
口袋表布（正面）
口袋裡布（正面）
留4返口
雙膠鋪棉
③剪掉多餘的雙膠鋪棉

翻回正面

⑤壓縫
口袋表布（正面）
⑥加裝磁釦
④縫合返口

＜本體＞

①描繪壓縫線
本體表布（正面）
②縫合周邊
本體裡布（正面）
留7返口
雙膠鋪棉
③剪掉多餘的雙膠鋪棉

翻回正面

⑤壓縫
本體表布（正面）
④縫合返口

縫合本體與口袋

①將各表布挑起進行捲針縫
②再次以コ字型縫合裡布　※參考P.40

本體（正面）
口袋（背面）
正面相對

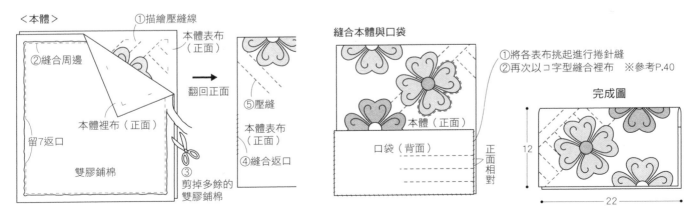

完成圖

12
22

21 玫瑰飾花迷你肩背包　→ P. 28 原寸紙型D面

❈ 材料

基底布…茶色格紋布70×25cm、灰色格紋布（含包釦用布）20×25cm、貼布縫用布‧吊耳…使用零碼布、口袋…橘色格紋布40×20cm、裡布（含襯布）‧雙膠鋪棉各110×25cm、15cm長拉鍊1條、直徑1.8cm塑料釦2個、內徑1.5cm單圈2個）、皮革釦帶1組、肩背帶1組‧25號繡線各色適量

❈ 材料

1　縫製本體表布2片。進行貼布縫、刺繡後縫製口袋表布。
2　在步驟1上疊合裡布與雙膠鋪棉後縫合周邊。
3　翻回正面進行壓縫。
4　前片上加裝釦帶,本體2片正面相對疊合,縫合脇邊與底部。
5　與本體同樣作法,縫合口袋
6　本體上加裝拉鍊與吊耳。
7　前片上加裝口袋。
8　加裝肩背帶。

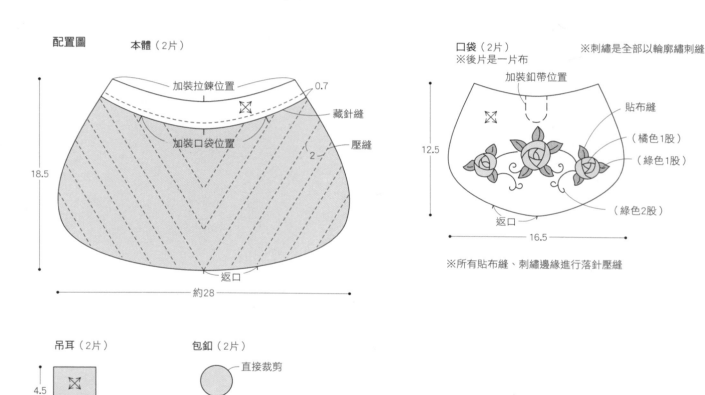

配置圖　本體（2片）

加裝拉鍊位置　　0.7
藏針縫
加裝口袋位置
2　壓縫
18.5
返口
約28

口袋（2片）
※後片是一片布　　※刺繡是全部以輪廓繡刺縫

加裝釦帶位置
貼布縫
（橘色1股）
12.5　　（綠色1股）
（綠色2股）
返口
16.5

※所有貼布縫、刺繡邊緣進行落針壓縫

吊耳（2片）
4.5　直接裁剪
4

包釦（2片）
直接裁剪
3

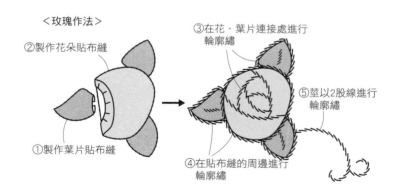

<玫瑰作法>

②製作花朵貼布縫
①製作葉片貼布縫
③在花‧葉片連接處進行輪廓繡
④在貼布縫的周邊進行輪廓繡
⑤莖以2股線進行輪廓繡

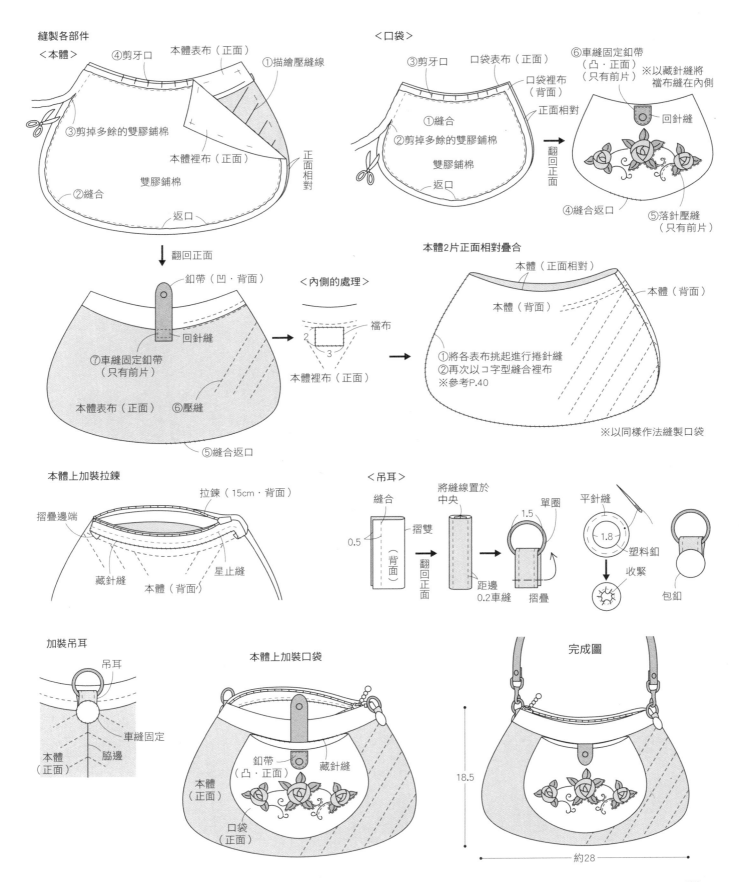

縫製各部件

<本體>

④剪牙口
本體表布（正面）
①描繪壓縫線
③剪掉多餘的雙膠鋪棉
本體裡布（正面）
雙膠鋪棉
②縫合
正面相對
返口

翻回正面

釦帶（凹・背面）
<內側的處理>
回針縫
⑦車縫固定釦帶（只有前片）
本體表布（正面）
⑥壓縫
⑤縫合返口

檔布
2
3
本體裡布（正面）

<口袋>

③剪牙口
口袋表布（正面）
口袋裡布（背面）
正面相對
①縫合
②剪掉多餘的雙膠鋪棉
雙膠鋪棉
返口

翻回正面

⑥車縫固定釦帶（凸・正面）（只有前片）
※以藏針縫將檔布縫在內側
回針縫
④縫合返口
⑤落針壓縫（只有前片）

本體2片正面相對疊合

本體（正面相對）
本體（背面）
本體（背面）
①將各表布挑起進行捲針縫
②再次以ㄇ字型縫合裡布
※參考P.40
※以同樣作法縫製口袋

本體上加裝拉鍊

拉鍊（15cm・背面）
摺疊邊端
藏針縫
本體（背面）
星止縫

<吊耳>

縫合
摺雙
（背面）
0.5
將縫線置於中央
翻回正面
單圈
1.5
距邊0.2車縫
摺疊
平針縫
1.8
塑料釦
收緊
包釦

加裝吊耳

吊耳
車縫固定
本體（正面）
脇邊

本體上加裝口袋

釦帶（凸・正面）
藏針縫
本體（正面）
口袋（正面）

完成圖

18.5
約28

24 大波斯菊飾花肩背包　→ P. 31　原寸紙型D面

✿ 材料

本體…茶色圓點布70×35cm、口袋…茶色格紋布（含吊耳‧包釦）40×30cm、貼布縫用布…使用零碼布、側身…駝色格紋布70×10cm、裡布‧雙膠鋪棉各100×40cm、30cm長拉鍊1條、直徑2.4m塑料釦2個、內徑1.5cm單圈2個、直徑1.4m磁釦1個、滾邊（斜紋布條）4×80cm、肩背帶1組‧25號繡線各色適量

✿ 材料

1　基底布上進行貼布縫、刺繡後縫製本體表布2片、口袋表布。
2　在步驟1與側身表布上分別疊合裡布與雙膠鋪棉後縫合指定部分。
3　翻回正面進行壓縫。
4　本體上部進行滾邊，加裝拉鍊。
5　本體與側身正面相對縫合。
6　加裝口袋。
7　加裝肩背帶

配置圖

本體（2片）

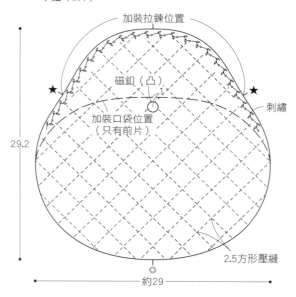

口袋

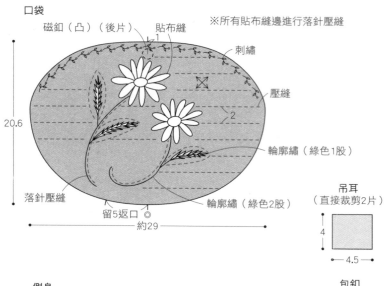

※所有貼布縫邊進行落針壓縫

吊耳
（直接裁剪2片）

包釦
（直接裁剪2片）

側身

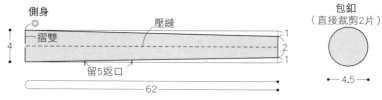

＜刺繡＞

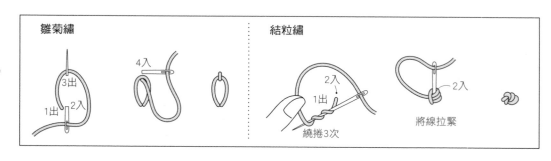

縫製各部件　<口袋>

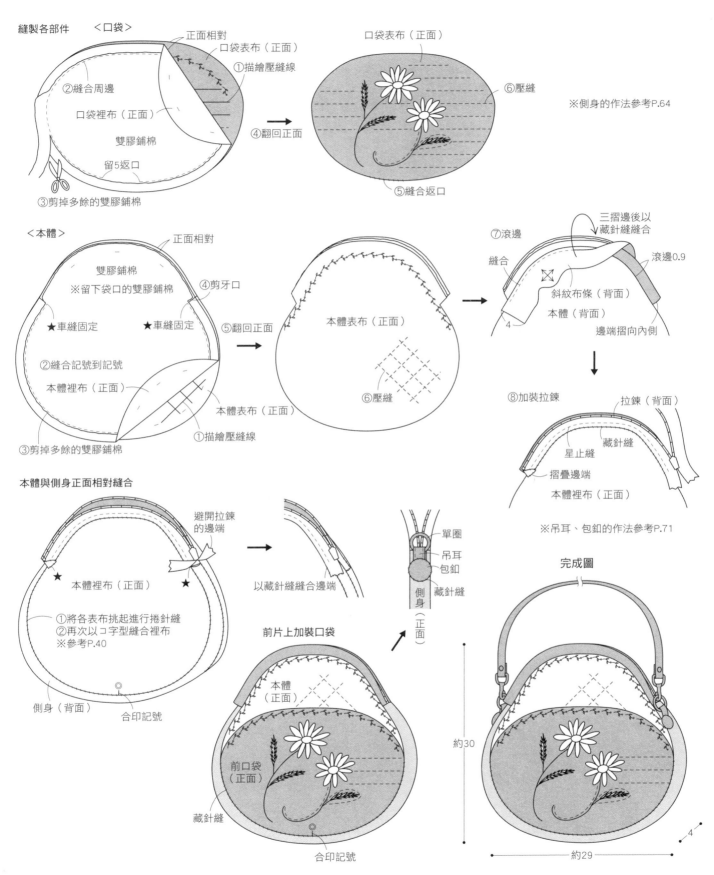

正面相對
口袋表布（正面）
①描繪壓縫線
②縫合周邊
口袋裡布（正面）
雙膠鋪棉
留5返口
③剪掉多餘的雙膠鋪棉

④翻回正面

口袋表布（正面）
⑥壓縫
⑤縫合返口

※側身的作法參考P.64

<本體>

正面相對
雙膠鋪棉
※留下袋口的雙膠鋪棉
④剪牙口
★車縫固定　★車縫固定
②縫合記號到記號
本體裡布（正面）
③剪掉多餘的雙膠鋪棉
①描繪壓縫線
本體表布（正面）

⑤翻回正面

本體表布（正面）
⑥壓縫

⑦滾邊
三摺邊後以藏針縫縫合
滾邊0.9
縫合
斜紋布條（背面）
本體（背面）
4
邊端摺向內側

⑧加裝拉鍊
拉鍊（背面）
藏針縫
星止縫
摺疊邊端
本體裡布（正面）

※吊耳、包釦的作法參考P.71

本體與側身正面相對縫合

避開拉鍊的邊端

本體裡布（正面）
①將各表布挑起進行捲針縫
②再次以コ字型縫合裡布
※參考P.40
側身（背面）
合印記號

以藏針縫縫合邊端

前片上加裝口袋

本體（正面）
前口袋（正面）
藏針縫
合印記號

單圈
吊耳
包釦
藏針縫
側身（正面）

完成圖

約30
約29
4

秋田景子

公益財團法人日本手藝普及協會拼布指導員。車縫拼布指導員。經營教室兼拼布商店「BUPI 俱樂部」。有許多比賽獲獎的經歷。其他著作有《秋田景子の優雅拼布 BAG》(繁體中文版由雅書堂文化出版)

BUPI 俱樂部
http://www.bupi-k.com/

❀ 協力製作

秋田梨夏・天內雅子・石岡睦子・岩川礼子・岡田康子・長內礼子・鹿內紀代子・西村節子

❀ 布料提供

有輪商店株式会社

❀ 原書製作團隊 STAFF

書籍設計	平木千草
攝影	森谷則秋(情境・作法)
	森村友紀(單品)
造型	植松久美子
繪圖	株式会社ウエイド(手芸制作部)
協力編輯	鈴木さかえ・片山優子
編輯	加藤麻衣子

❀ 攝影協力

AWABEES
UTUWA

國家圖書館出版品預行編目(CIP)資料

花見幸福!溫柔暖心の日常拼布包:秋田景子with24款以花草發想的優雅手作 / 秋田景子著;夏淑怡譯.
-- 初版. -- 新北市:雅書堂文化, 2018.02
面; 公分. -- (拼布美學;31)
譯自:樂しく作つてね
ISBN 978-986-302-412-5(平裝)

1.拼布藝術 2.縫紉 3.手提袋

426.7   107000749

PATCHWORK 拼布美學 31

秋田景子 with 24 款以花草發想的優雅手作

花見幸福!溫柔暖心の日常拼布包

作　　者／秋田景子
譯　　者／夏淑怡
發 行 人／詹慶和
總 編 輯／蔡麗玲
執行編輯／黃璟安
編　　輯／蔡毓玲・劉蕙寧・陳姿伶・李佳穎・李宛真
執行美編／陳麗娜
美術編輯／周盈汝・韓欣恬
內頁排版／造極
出 版 者／雅書堂文化事業有限公司
發 行 者／雅書堂文化事業有限公司
郵政劃撥帳號／18225950
戶　　名／雅書堂文化事業有限公司
地　　址／新北市板橋區板新路206號3樓
電　　話／(02)8952-4078
傳　　真／(02)8952-4084
網　　址／www.elegantbooks.com.tw
電子信箱／elegant.books@msa.hinet.net

2018年2月初版一刷　定價420元

TANOSHIKU TSUKUTTENE。 (NV70388)
Copyright ©KEIKO AKITA/NIHON VOGUE-SHA 2016
All rights reserved.
Photographer:Noriaki Moriya,Yuki Morimura
Original Japanese edition published in Japan by Nihon Vogue Co., Ltd.
Traditional Chinese translation rights arranged with Nihon Vogue Co., Ltd.
through Keio Cultural Enterprise Co., Ltd.
Traditional Chinese edition copyright © 2018 by Elegant Books Cultural
Enterprise Co., Ltd.

經銷／易可數位行銷股份有限公司
地址／新北市新店區寶橋路235巷6弄3號5樓
電話／(02)8911-0825
傳真／(02)8911-0801

PATCHWORK BAGS

秋田景子の優雅拼布BAG
花草素材×幾何圖形・２５款幸福感拼接布包
平裝／72頁／21×26cm／彩色+單色
秋田景子◎著
定價420元